丛书总主编：孙鸿烈　于贵瑞　欧阳竹　何洪林

中国生态系统定位观测与研究数据集

农田生态系统卷

西藏拉萨站

（1993—2008）

张宪洲　何永涛
孙　维　主编

中国农业出版社

图书在版编目（CIP）数据

中国生态系统定位观测与研究数据集．农田生态系统卷．西藏拉萨站：1993～2008 / 孙鸿烈等主编；张宪洲，何永涛，孙维分册主编．—北京：中国农业出版社，2011.11

ISBN 978-7-109-16205-1

Ⅰ．①中…　Ⅱ．①孙…②张…③何…④孙…　Ⅲ．①生态系-统计数据-中国②农田-生态系-统计数据-拉萨市-1993～2008　Ⅳ．①Q147②S181

中国版本图书馆 CIP 数据核字（2011）第 217711 号

中国农业出版社出版

（北京市朝阳区农展馆北路 2 号）

（邮政编码 100125）

责任编辑　刘爱芳　李昕昱

中国农业出版社印刷厂印刷　　新华书店北京发行所发行

2011 年 11 月第 1 版　　2011 年 11 月北京第 1 次印刷

开本：889mm×1194mm　1/16　　印张：9

字数：248 千字

定价：45.00 元

中国生态系统定位观测与研究数据集

中国生态系统定位观测与研究数据集
农田生态系统卷·西藏拉萨站

主编：张宪洲　何永涛　孙　维

编委：张谊光　余成群　石培礼　钟志明
沈振西　张扬建　王景升　武俊喜

[序　言]

随着全球生态和环境问题的凸显，生态学研究的不断深入，研究手段正在由单点定位研究向联网研究发展，以求在不同时间和空间尺度上揭示陆地和水域生态系统的演变规律、全球变化对生态系统的影响和反馈，并在此基础上制定科学的生态系统管理策略与措施。自20世纪80年代以来，世界上开始建立国家和全球尺度的生态系统研究和观测网络，以加强区域和全球生态系统变化的观测和综合研究。2006年，在科技部国家科技基础条件平台建设项目的推动下，以生态系统观测研究网络理念为指导思想，成立了由51个观测研究站和一个综合研究中心组成的中国国家生态系统观测研究网络（National Ecosystem Research Network of China，简称CNERN）。

生态系统观测研究网络是一个数据密集型的野外科技平台，各野外台站在长期的科学研究中，积累了丰富的科学数据，这些数据是生态学研究的第一手原始科学数据和国家的宝贵财富。这些台站按照统一的观测指标、仪器和方法，对我国农田、森林、草地与荒漠、湖泊湿地海湾等典型生态系统开展了长期监测，建立了标准和规范化的观测样地，获得了大量的生态系统水分、土壤、大气和生物观测数据。系统收集、整理、存储、共享和开发应用这些数据资源是我国进行资源和环境的保护利用、生态环境治理以及农、林、牧、渔业生产必不可少的基础工作。中国国家生态系统观测研究网络的建成对促进我国生态网络长期监测数据的共享工作将发挥极其重要的作用。为切实实现数据的共享，国家生态系统观测研究网络组织各野外台站开展了数据集的编辑出版工作，借以对我国长期积累的生态学数据进行一次系统的、科学的整理，使其更好地发挥这些数据资源的作用，进一步推动数据的共享。

为完成《中国生态系统定位观测与研究数据集》丛书的编纂，CNERN综合研究中心首先组织有关专家编制了《农田、森林、草地与荒漠、湖泊湿地海湾生态系统历史数据整理指南》，各野外台站按照指南的要求，系统地开展了数据整理与出版工作。该丛书包括农田生态系统、草地与荒漠生态系统、森林生态系统以及湖泊湿地海湾生态系统共4卷、51册，各册收集整理了各野外台站的元数据信息、观测样地信息与水分、土壤、大气和生物监测信息以及相关研究成果的数据。相信这一套丛书的出版将为我国生态系统的研究和相关生产活动提供重要的数据支撑。

孙鸿烈

2010年5月

前言

在国家科技基础条件平台建设项目“生态系统网络的联网观测研究及数据共享系统建设”的支撑下，为了进一步推动国家野外台站对历史资料的挖掘与整理，强化国家野外台站信息共享系统建设，丰富和完善国家野外台站数据库的内容，中国国家生态系统观测研究网络（CNERN）决定出版《中国生态系统定位观测与研究数据集》丛书。

中国国家生态系统观测研究网络的各野外台站在长期的科学研究中，积累了大量的数据资源，为了系统收集、整理、存储、共享和应用这些数据资源，“生态系统网络的联网观测研究及数据共享系统建设”项目经过多次讨论，组织有关专家编写了《农田、森林、草地与荒漠、湖泊湿地海湾生态系统历史数据整理指南》（以下简称《指南》），用于指导该丛书的出版。

西藏拉萨农田生态系统国家野外观测研究站（简称拉萨站）是在20世纪80年代青藏高原科学大考察的基础之上，在孙鸿烈院士的主持下于1993年建立的。其建站的根本目的就是立足于西藏高原，探索西藏农牧业的可持续发展道路。由此开始，一批又一批科学家克服高寒缺氧等艰苦的工作条件，奔赴到高原科研工作的第一线，经过十几年持续不懈的工作和积极实践，在西藏农牧业方面积累了大量的研究和长期监测数据，而将这些宝贵的科学数据进行整理和出版必将使其能够得到更为广泛的应用，在西藏农牧业可持续发展中起到坚实的支撑作用。

本数据集是拉萨站依据《指南》，本着认真负责、积极共享的原则，经过对1993年建站以来的历史研究数据和长期监测数据的收集、整理、精简、统计汇编而成，内容涵盖了拉萨站长期监测的观测场地和样地信息、近5年的CERN长期监测任务（水、土、气、生）数据，其中的气象数据包括了拉萨站建站以来的全部人工观测气象数据；此外还包括拉萨站在西藏农作物以及牧草方面的专题研究数据，以及建站之初在土壤、生物等方面的本底调查资料等。本数据集可供科研院所、大专院校和对相关研究区域及领域感兴趣的广大科研人员参考和使用。如果您在数据使用过程中存在疑问或尚需共享其他时间步长或时间序列的数据，请直接联系编者，亦可登陆“拉萨站联网观测研究及数据共享网络服务系统（www. lasa. cern. ac. cn)”查询。

本数据集是在张宪洲站长的领导下，由何永涛、孙维具体负责完成整理编写工作的。在本数据集的编写过程中，得到了拉萨站第一任站长张谊光研究员的大力支持，他收集整理了拉萨站专题研究的历史数据，其中包括原综考会雷震鸣研究员撰写的土壤调查报告以及西藏生物研究所李辉研究员撰写的植被调查报告，使得这些宝贵的历史数据得以完整的保存；此外，在拉萨站进行客座研究的范丽对历史气象数据进行了系统的整理和统计。虽然我们已对数据进行了认真的统计计分析和校对，力求准确，然受多种主客观因素限制，书中难免有错误之处，敬请批评指正！

该数据集所有观测数据都来自于科研人员的智慧结晶以及一线观测人员的辛勤汗水。他们之中，有些人由于工作关系到了其他工作岗位，有些人则永远地离开了我们。在本数据集汇编完成之际，我们要对那些曾经和目前正在拉萨站工作的专家学者以及那些长期坚守在野外一线工作风雨无阻完成观测任务的观测人员，表示崇高的敬意和衷心的感谢！正是由于他们的辛勤耕耘和无私奉献，为我们取得了大量宝贵的第一手资料，才奠定了今天这本数据集的基础。

编　者

2011年10月

目 录

第一章 引　言

1.1 台站简介

为定位研究青藏高原科考中出现的一些重要科学问题，提供高原农牧业可持续发展的模式和样板，并适应长期生态定位网络台站建设的需要，1993 年 4 月，中国科学院拉萨高原生态试验站（以下简称拉萨站）在拉萨市达孜县建立。拉萨站于 2002 年加入中国生态系统研究网络（CERN），2005 年加入中国国家生态系统观测研究网络（CNERN），是高原生态学研究和农牧业可持续发展试验示范的重要基地。

拉萨站位于青藏高原腹地的河谷农业区——“一江两河”（雅鲁藏布江、拉萨河、年楚河）流域中部地区（东经 91°20′37″，北纬 29°40′40″），距西藏自治区首府拉萨市 25km，海拔 3 688m，是目前该地区唯一的长期农业生态试验站，也是世界海拔最高的农业生态试验站。“一江两河”中部流域包括拉萨市、山南地区和日喀则地区共 18 个县，面积 7 万余 km^2，人口 90 余万，属于高原季风温带半干旱气候带，年总辐射量在 7 600～8 000MJ/m^2 之间；年均温度在 4～8 ℃之间，生长季长，热量水平低，越冬条件较好；年降水量在 300～550mm 之间，降水主要集中在 6～9 月；土壤属于高山灌丛草原土，土层薄，土壤肥力低；植被类型为高山灌丛草原，以西藏狼牙刺、三刺草灌丛为主；河谷地区水热条件较好，多垦殖为耕地，大多种植以小麦、青稞和蚕豆为主的喜凉作物；山地上部分布着草原草甸土，适宜牧业发展。“一江两河”地区是西藏资源条件较好、开发最早、生产历史悠久、经济相对发达的地区，也是西藏政治、经济、文化和交通中心，在西藏自治区有举足轻重的地位。拉萨站在“一江两河”地区具有很强的典型性和代表性（见图 1-1 和图 1-2）。从植被区划来看，拉萨站所在的地区向东毗邻藏东南高山针叶林带的西缘，向北分别与高原面的高寒草原和高寒灌丛草甸相连，可作为一个开展青藏高原生态学研究的基地。

拉萨站目前拥有本部和当雄草原通量观测站两个试验点。拉萨站本部现有综合办公楼 1 座，生活用房和专家公寓楼各 1 座；拥有站区用地 120 亩*，其中：农田 60 亩，牧草地 30 亩，林地 10 亩，基建地 20 亩，鱼塘 720m^2，温室大棚面积 700m^2。当雄通量站位于藏北高寒草原区域，是西藏高原牧区的典型代表，拥有涡度相关通量塔及小气候观测设施，为 China Flux 站点之一。

拉萨站是中国科学院、西藏自治区和西藏军区共同资助下的军民共建科研单位。目前有学术指导 1 名，科研人员 8 名，技术支撑人员 2 名。此外，还有西藏气象局共建长期在编科研技术人员 6 名，长期工作人员 5 名，在站研究生 10 余名。

* 亩为非法定计量单位，1 亩＝667m^2。

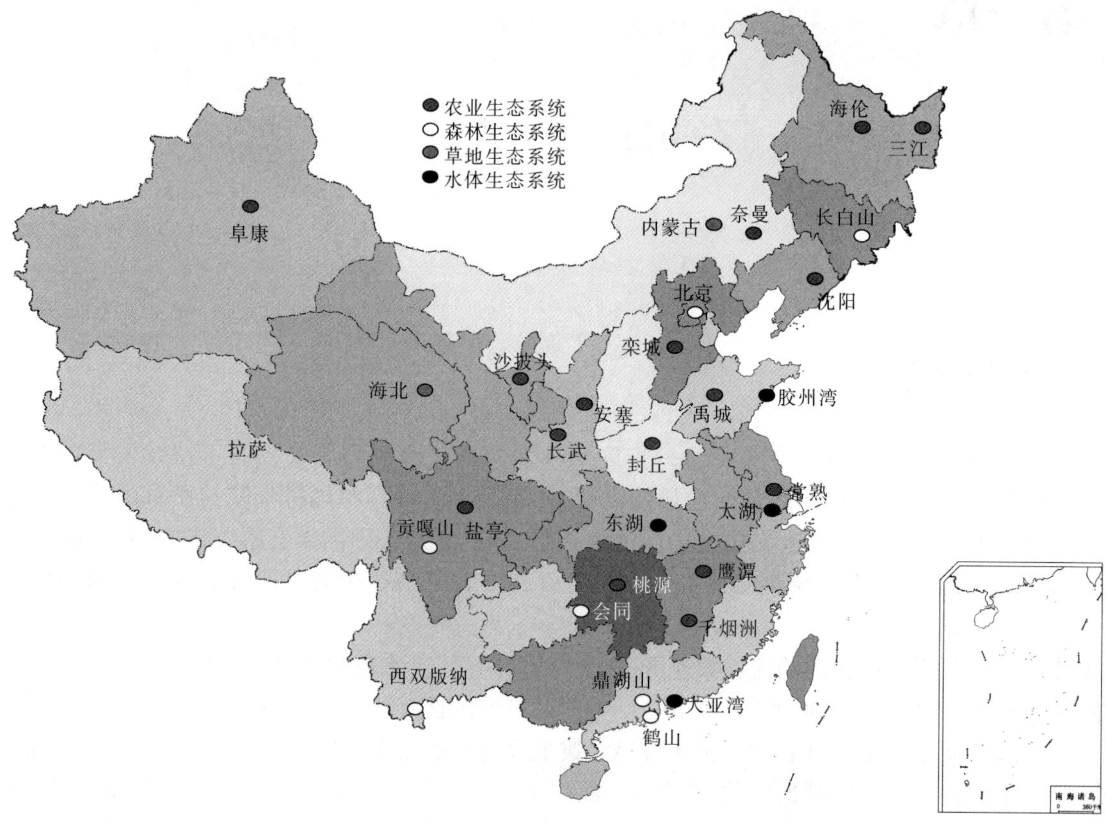

图 1-1　拉萨高原生态实验站的位置和区域代表性

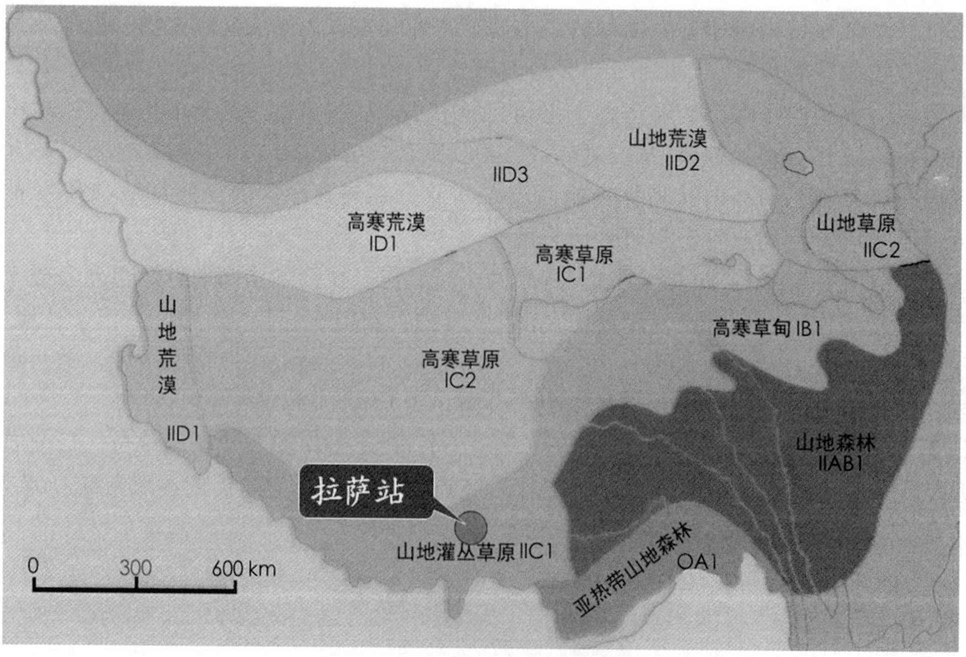

图 1-2　拉萨高原生态实验站的生态系统类型代表性

表 1-1　国家野外战固定人员构成

职称	正高级	副高级	中级	初级	其他	合计
人数	3	2	4	1	0	10
年龄分布	<30 岁	30～44 岁	45～59 岁	60 岁		
人数	1	9	—	—		10
学位	博士	硕士	学士	其他		
人数	8	1	1	—		10
类别	研究人员	技术人员	管理人员	其他		
人数	8	2	—	—		10

1.2　建站的目标和任务

拉萨站建站的主要目标是通过对高原生态环境要素的长期监测，定位研究在高原极为特殊的生态环境条件下高原农田生态系统的结构和功能，建立高原农牧业可持续发展优化模式，为开展青藏高原研究提供技术支撑和平台，培养从事青藏高原研究的后备人才。拉萨站的基本任务为以下 5 个方面：

（1）生态环境要素的长期监测。主要对拉萨站试验区的气象、土壤、植被和水分等生态要素进行长期连续的观测，为开展长期生态学研究提供数据平台。

（2）高原农田生态系统能量与物质传输及其对生态环境的响应机理研究。在高原极为特殊的生态环境条件下，高原生态系统能量和物质传输具有鲜明的高原特色。通过对生态环境要素的长期监测，以定点试验的方法，重点研究高原农田生态系统的能量和物质的传输规律以及它们对环境变化的响应机理，为进一步开展高原可持续发展提供理论依据。

（3）通过试验、示范和推广，构建具有高原特色的农牧业可持续发展的优化模式。以生态学理论为指导，重点研究拉萨“一江两河”地区种植业、农区畜牧业以及农牧结合的关键配套技术，通过农牧业的产业结构调整，以点带面，建立有高原特色的农牧业可持续发展的优化模式。

（4）为开展青藏高原研究提供技术支撑和平台。拉萨站位于青藏高原腹地，具有得天独后的区位优势，是开展青藏高原研究的理想基地，尤其在交通、住宿、人员、仪器、数据和装备等方面，拉萨站可以提供很好的技术支持，为进一步开展青藏高原研究提供技术支撑和平台。

（5）为青藏高原生态学的研究培养后备人才。拉萨站生活设施齐全，仪器设备先进，学科覆盖面广，为来拉萨站开展相关青藏高原的研究人员提供了较为理想的生活和科研条件，拉萨站也成为培养青藏高原研究后备人才的基地。

1.3　研究方向

（1）高原农田生态系统的结构和功能及其对环境变化响应机理研究。通过对生态环境要素的长期监测，以定点试验的方法，重点研究在高原极为特殊的生态环境条件下高原农田生态系统的能量（辐射、热量）和物质（主要温室气体和水汽）的传输规律，以及它们对环境变化的响应机理。主要研究方向为：开展高原农田生态系统长期生态学监测，揭示农田生态系统及环境要素的变化规律及其动因；阐明农田生态系统的结构和功能及其对环境生态因子响应的机制；揭示高原农田生态系统的能量、物质传输规律和生产力形成机理。

（2）青藏高原农牧业可持续发展优化模式研究。以生态学理论为指导，通过试验示范的方法，以拉萨为基地，重点研究拉萨“一江两河”地区种植业、农区畜牧业以及农牧结合的关键配套技术，探索在相对脆弱的高原环境下实现农牧业可持续发展的有效途径；通过农牧业的产业结构调整，以点带面，建立有高原特色的农牧业可持续发展的优化模式，为高原农牧业一体化建设和产业化建设提供理论依据。通过上述有关高原农牧业发展的理论和技术研究，以期实现高原的农牧业生产和生态环境的协调发展。研究发展方向为：提出高原种植业、农区畜牧业以及农牧结合的关键配套技术；建立以生态学为基础的高原农牧业可持续发展优化模式；探索高原生态系统管理的有效途径。

1.4 研究成果

近5年来，拉萨站成员及依托拉萨站工作的科研人员发表论文总数106篇，其中，SCI论文20篇，CSCD论文63篇，国际会议论文7篇，英文专著论文8篇，中文专著论文6篇，其他论文2篇。其主要成果主要集中在以下几个方面：

1.4.1 基础科学研究

（1）高原生态系统土壤温室气体排放的研究。通过对青藏高原农田、高寒草甸和高寒草原等类型生态系统土壤CO_2、CH_4和N_2O排放状况的系统观测，讨论了高原主要生态系统土壤CO_2排放日变化和季节变化的特征。指出高原各类生态系统CO_2排放与5 cm土壤温度变化相关性最好，可用5cm土壤温度来推算高原各类型生态系统土壤CO_2排放量。土壤呼吸不仅受到土壤温度，而且受到植物物候、叶面积指数、根系生物量等生物因子的影响，植物的物候要改变温度对土壤呼吸的影响，证明了次要影响因子对关键生态因子的修饰作用。此外根据不同生态系统的特点，估算了土壤呼吸中根系呼吸和土壤微生物异氧呼吸的比例和受温度等因子的影响特征。通过同步观测生态系统的净生产力，估算了生态系统的碳平衡。

（2）未来CO_2变化情景下植物生理生态适应的研究。青藏高原海拔高，气压低，CO_2密度只有平原地区的2/3，作物光合特性有其鲜明的高原特色，尤其在气候变化、二氧化碳增加的情形下，高原作物的光合生产的变化比平原地区更为敏感，在海拔如此高的地区进行此类研究，十分罕见。对冬小麦旗叶的光合作用进行了较为系统的研究，确定了高原地区冬小麦的初始光利用效率这一能够体现高原光合特征的重要参数。过去测定高原地区植物的初始光利用效率与平原相比明显偏低，通过最近的观测我们对过去的结果进行了校正，发现高原生态系统的表观量子产额并不明显低于平原地区。2001年，拉萨站与日本北海道大学合作，利用开顶箱方法，开展了CO_2加倍对高原作物光合作用的影响的试验，已取得部分成果。CO_2加富能够增强叶片水平的光合作用，高原生态系统对CO_2响应较平原地区敏感。但群体水平，并没有发现CO_2加富后群落生物量和生产力的提高，这可能与加富后，植物氮素缺失相关。

（3）高原生态系统高产机制的模拟。根据大量实测资料，建立了高原地区冬小麦的叶面积动态、光截获和群体光合干物质累积动态的模拟模型，通过对高原地区冬小麦产量形成的模拟，指出高原冬小麦高产的最主要生态学原因是气候温凉导致的生育期延长，并指出亩产吨粮可作为高原地区冬小麦潜在的极限产量。通过对大气CO_2倍增、温度升高情景下的高原冬小麦干物质形成过程的模拟，指出在CO_2倍增的情景下，高原冬小麦总的趋势是增产，生育期缩短，在相同的未来CO_2倍增、气温升高的情景下，与平原地区的估算结果相比，高原增产幅度并不大，其原因主要是生育期缩短较多，CO_2的增产效应大部分被生育期缩短的减产效应抵消了。

（4）高原生态系统特征参数的研究。测定了青藏高原东部样带22个典型地区植被样地的地上/地下生物量、叶面积指数、净第一性生产力、土壤碳和氮的贮量等结构功能特征参数，发现这些植被特征参数与水热气候因子的关系均趋同于非线性的Logistic函数。青藏高原植被样带研究进一步以详实的实测数据证明了Weber定律在高原陆地生态系统中的普遍规律，即在相似的自然环境条件下，一个充分适应而稳定的植物群落，不管区系组成如何，最终应具有相同或相似的干物质生产，如生物现存量和净第一性生产力。深入理解这种非线性阈值特征关系的内在机理将有助于我们科学预测未来全球气候变化下陆地生态系统的行为响应特征。

（5）拉萨地区土地利用变化及其对土壤碳储量的影响。根据1999年的实地调查和以往文献资料、4期航片和地形图等大量信息，准确地展现了过去50年中拉萨城市用地变化进程，重点分析了城市用地变化产生的生态与环境效应和问题。结合土地利用变化分析了拉萨市土壤碳储量的空间格局和由于土地利用变化引起的土壤碳储量变化情况。

（6）自然资产和生态系统服务功能。青藏高原具有丰富多样的生态系统类型，这些生态系统不仅生产了大量的产品，而且提供了巨大的生态服务功能。草地具有重要的水源涵养功能，森林具有重要的大气调节功能，农田以生产服务功能为主。在区域分异上具有沿东南向西北迅速减小的趋势。高原不同生态系统类型中，森林生态系统和草地生态系统对青藏高原生态系统总服务价值的贡献最大，贡献率分别为31%和48%。高原生态系统产品的经济价值与生态服务功能价值的比值为1∶70，显然，高原生态系统的生态服务价值远远高于直接使用价值。因此，保护生态系统和生物多样性是维持生态系统稳定和保育高原生态过程的根本。

1.4.2 应用开发和示范研究

在应用开发和示范推广方面，拉萨站自建站以来先后承担了农业部项目1项，西藏自治区科委项目2项，地理资源所所长基金2项，中科院院“西部之光”项目2项，中科院院农办项目1项，为西藏军区举办了两次培训班，培训了400人次。以拉萨站为基地，在农林牧品种选育、栽培配套模式、植物水肥利用和性状表现等方面进行了研究，并在农牧结合结构配置和农牧业发展战略方面进行了多方面多层次的研究，为西藏自治区政府和西藏军区的农牧建设提供了科学的参考。

（1）优质牧草筛选及人工草地建设。“优质牧草引种试验”是西藏自治区科技厅继粮食作物品种引种取得成效的基础上，抓的又一项重中之重的科技攻关项目。与自治区畜牧研究所合作，从国内外先后引进157份牧草品种和15份草坪草的试验。分别在高寒牧区那曲、当雄点和高寒河谷农区曲尼巴综合和中国科学院拉萨生态站为基地进行试验。测定了引进品种的萌发率、物候期、生物量、农艺性状及越冬率等指标，筛选出适宜在不同地区种植的优良牧草品种29份，筛选出紫花苜蓿、箭筈豌豆、红豆草、鲁梅克斯K-1杂交酸模、苇状羊茅、高羊茅、黑麦草、牧冰草、新麦草、冰草、青海老芒麦、红三叶等10多个适于高原牧区的牧草品种，已在当雄和那曲等地中试和推广。目前正在开展不同品种牧草人工草地种植配置模式的研究。在河谷地区分枝饲料玉米和鲁梅克斯表现好，产草量高，具有很好的开发价值。其中，分枝玉米平均鲜生物量可达52 500～75 000kg/hm^2，非常适宜作青贮饲料，目前正在做青贮发酵试验研究。

（2）农作物栽培配套模式及机理研究。自1993年建站以来，拉萨站先后从国外引进作物品种135个，选育出春小麦高原602、东农系列玉米、春杂系列油菜、H系列双低油菜等在高原适应性好的品种，在“一江两河”农区得到大面积推广。近5年来，拉萨站主要开展了冬小麦、玉米、油菜等作物套种模式、水肥利用及生产性状的研究。配合目前开展的农牧结合项目，在农—经—饲三元结构调整和针对提高土地利用效率和增加农牧民收入方面进行了研究。

（3）保护地蔬菜栽培技术示范。在中国科学院院农办的资助下，拉萨站建立了大型高标准阳光温室，开展了蔬菜有机生态型无土栽培试验，在不同基质槽中栽培黄瓜、樱桃番茄、辣椒、茄子、菜豆等蔬菜，在反季节蔬菜栽培技术上进行了研究。进行温室温度、湿度和室内 CO_2 的调节，充分利用高原高光照的优势，利用光能转化为日光温室的地温优势，提高反季节蔬菜光合作用和蔬菜的经济产量。有机生态型无土栽培技术投入低、技术集成度高而容易掌握、管理简单、病虫害少、节水、节地、节肥，极适合在西藏广泛推广，自治区科技厅和军区后勤部已经组织人员来站参观，目前这些技术已在达孜县附近菜农和西藏军区屯垦部队推广。

（4）西藏农牧业发展战略研究。近 5 年来，配合中国科学院地理科学与资源研究所进行的西藏自治区农牧业发展规划，多位研究生以拉萨站为基地，进行农户行为、农村社会经济发展指标的调查，完成了农牧业可持续发展的研究论文。重点分析了西藏解放 50 年来农牧业发展的主要成就与存在的问题、新形势下西藏农牧业发展面临的机遇与挑战，西藏农牧业发展的优势与劣势。提出新时期西藏农牧业发展的战略重点是：改变传统的粮食安全保障的观念，充分利用市场调节因素，逐步实现粮食供应由“自给”向“自主”转变；充分发挥资源优势，高度重视高原特色农牧业的发展，逐步实现种植业由“增粮”向“增效”转变；全面实施农牧业宏观发展战略，强调农牧结合，逐步实现农牧业生产的一体化，加速农牧业产业化，促进多种农牧业方式的综合发展；深入贯彻可持续发展战略思想，重视生态农业在促进农牧业发展与生态环境保护中的作用，逐步实现农牧业经济发展与生态环境保育的良性循环，为中央政府及西藏地方政府确立正确的农业可持续发展战略提供科学可靠的决策依据和理论参考。

1.5 合作交流

拉萨站现聘请国内外客座研究人员 10 名，他们主要依托拉萨站开展相关青藏高原的研究，取得了一批高水平的研究成果。拉萨站制定了较为详尽的数据、经费、仪器和成果共享的计划和协议，保证了合作项目的顺利进行，也为拉萨站积累了宝贵的数据和资料。以下为国际合作情况：

拉萨站与日本北海道大学研究生院的合作研究项目“青藏高原农田、草原生态系统植物光合作用和能量传输”（1997—2000），主要在拉萨农业生态实验站对农田作物冬小麦、玉米和在当雄县草原对牧草主要建群种的光合作用、蒸散、气孔阻力及环境因子进行了测定，研究高原下垫面植物光合作用和能量传输与环境因子的关系。此项研究是对拉萨站长期以来进行的农田生理生态学研究的重要补充和完善。

拉萨站与日本北海道大学共同实施了日本学术振兴会的“CO_2 倍增对青藏高原农田作物光合作用和物质生产的影响项目”（2000—2003），项目从测定高原自由大气和 CO_2 加富条件下小麦的光响应特征、CO_2响应特征光合作用的日变化规律，以及冠层的结构和辐射的传输与截取入手，获取高原稀薄 CO_2 条件下的光合特征参数，以期建立叶片和冠层水平的光合模型，模拟小麦的产量形成及未来气候变化情景下对小麦干物质生产的影响，探索未来气候变化情景下作物生理生态反应的机制，对农田生态系统对气候变化反应的建模和对作物产量影响预测有重要的理论意义。

与国际山地中心（ICIMOD）合作（2001—2002），引种栽培北美安第斯山脉高海拔相似生态环境的野生植物及作物品种资源，并对其中一些重要经济价值的品种进行栽培开发，这将对丰富高原的种植业品种资源有重要意义。

拉萨站与日本环境研究所和日本农林环境研究所合作开展青藏高原草甸生态系统对全球变暖响应的研究（2005—2010），主要研究在西藏当雄实施，通过对在全球变化的背景下西藏草甸生态系统的动态变化的长期监测，利用高原植被对全球变暖较为敏感的特点，识别全球变暖的早期信号，为全球变化研究提供理论基础。

第二章

数据资源目录

2.1 生物数据资源目录

数据集名称：农田作物种类与产值

数据集摘要：关于拉萨站综合观测场地、辅助观测场、站区调查点样地主要作物冬小麦、青稞、油菜的播种面积、单产、产值等指标的统计数据

数据集时间范围：2003—2008 年

数据集名称：农田复种指数与典型地块作物轮作体系

数据集摘要：记录拉萨站综合观测场、辅助观测场、站区调查点样地历年的作物复种指数、轮作体系等指标

数据集时间范围：2003—2008 年

数据集名称：农田主要作物肥料投入情况

数据集摘要：记录拉萨站综合观测场、辅助观测场、站区调查点样地各种化肥施用量、养分折合量，及其施用时间和施用方式

数据集时间范围：2003—2008 年

数据集名称：农田灌溉制度

数据集摘要：记录拉萨站综合观测场、辅助观测场、站区调查点样地农田灌溉方式、灌溉时间及灌溉量数据，每次记录

数据集时间范围：2003—2008 年

数据集名称：作物生育期动态

数据集摘要：记录拉萨站综合观测场、辅助观测场样地冬小麦、青稞、油菜、玉米等作物生育期动态的观测数据，每个生长季动态观察记录

数据集时间范围：2004—2008 年

数据集名称：作物叶面积与生物量动态

数据集摘要：记录拉萨站综合观测场样地冬小麦、青稞的叶面积指数与生物量动态变化的数据，每个生长季分别在越冬前期、返青期、拔节、抽穗期测定 4 次

数据集时间范围：2004—2008 年

数据集名称：耕作层作物根生物量

数据集摘要：记录拉萨站综合观测场样地冬小麦、青稞耕作层（0～20cm）地下根系的生物量，烘干重量，抽穗期测定

数据集时间范围：2004—2008 年

数据集名称：作物根系分布

数据集摘要：记录拉萨站综合观测场样地冬小麦、青稞作物不同土壤深度（0～50cm）根系的生物量数据，分 10cm 一层，烘干重量，收获期测定

数据集时间范围：2004—2008 年

数据集名称：作物收获期植株性状调查

数据集摘要：记录拉萨站综合观测场、辅助观测场、站区调查点样地冬小麦、青稞、油菜等作物收获期的植株性状，包括株高、单株总茎数、单株总穗数、每穗小穗数、每穗结实小穗数、每穗粒数、千粒重、地上部总干重、籽粒干重，每个样地每个生长季收获期选择 20 个标准株，6 次重复测定

数据集时间范围：2004—2008 年

数据集名称：作物收获期测产

数据集摘要：记录拉萨站综合观测场、辅助观测场、站区调查点样地冬小麦、青稞、油菜、土豆等作物收获期的产量等各种指标，包括群体株高、密度、穗数、地上部总干重、产量，每个生长季收获期选择 6 个随机样方测定

数据集时间范围：2004—2008 年

数据集名称：农田作物矿质元素含量与能值

数据集摘要：记录拉萨站综合观测场、辅助观测场、站区调查点样地主要作物冬小麦、青稞、油菜等不同器官（籽粒、茎秆、根系）的各类元素含量及热值的分析结果数据，5 年测定 1 次

数据集时间范围：2005 年

2.2 土壤数据资源目录

数据集名称：农田土壤交换量

数据集摘要：记录拉萨站综合观测场、辅助观测场、站区调查点样地农田土壤的各种交换性钙离子、交换性镁离子、交换性钾离子、交换性钠离子、交换性铝离子、交换性氢、阳离子交换量，5 年测定 1 次

数据集时间范围：2005 年

数据集名称：农田表层土壤养分

数据集摘要：记录拉萨站综合观测场、辅助观测场、站区调查点样地表层土壤速效养分碱解氮、速效磷、速效钾以及有机质、全氮、全磷、全钾、pH 的逐年动态变化，速效养分为每年测定 1 次，其他指标为 2～3 年测定 1 次

数据集时间范围：2003—2008 年

数据集名称：农田土壤矿质全量

数据集摘要：记录拉萨站综合观测场、辅助观测场、站区调查点样地表层农田土壤剖面（0～10cm/10～20cm/20～40cm/40～60cm）各矿质元素的全量组成，包括 SiO_2、Fe_2O_3、MnO、TiO_2、Al_2O_3、CaO、MgO、K_2O、Na_2O、P_2O_5、LOI、S 等指标，10 年测定 1 次指标

数据集时间范围：2005 年

数据集名称：农田土壤微量元素和重金属元素

数据集摘要：记录拉萨站综合观测场、辅助观测场、站区调查点样地农田土壤剖面中（0～10cm/10～20cm/20～40cm/40～60cm）微量元素以及重金属元素的含量，例如全硼、全钼、全锰、全锌、全铜、全铁、硒、镉、铅、铬、镍、汞等。5 年测定 1 次指标

数据集时间范围：2005 年

数据集名称：农田速效土壤微量元素

数据集摘要：记录拉萨站综合观测场、辅助观测场、站区调查点样地农田土壤表层速效微量元素含量，测定指标包括有效铁、有效铜、有效钼、有效硼、有效锰、有效锌、有效硫、有效硫、有效锰、有效锌、有效铁、有效铜，5 年测定 1 次指标

数据集时间范围：2005 年

数据集名称：农田土壤机械组成

数据集摘要：记录拉萨站综合观测场、辅助观测场、站区调查点样地农田土壤剖面（0～10cm/10～20cm/20～40cm/40～60cm）的机械组成，包括各级别（2～0.05mm、0.05～0.002mm、<0.002mm）颗粒的百分比组成，10 年测定 1 次指标

数据集时间范围：2005 年

数据集名称：农田土壤容重

数据集摘要：记录拉萨站综合观测场、辅助观测场、站区调查点样地农田剖面（0～10cm/10～20cm/20～40cm/40～60cm）的土壤容重，每层土壤取 3 个重复求平均值，10 年测定 1 次指标

数据集时间范围：2005 年

数据集名称：土壤理化分析方法

数据集摘要：记录拉萨站土壤分析中各理化指标的分析方法、分析方法引用标准、分析时间及分析单位等，逐年记录

数据集时间范围：2003—2008 年

2.3 水分数据资源目录

数据集名称：农田中子仪土壤含水量

数据集摘要：记录拉萨站综合观测场、气象观测场中子仪测量的土壤体积含水量和土层储水量，5d 测定 1 次，0～70cm 分 10cm 一层测定，综合观测场为 3 根中子管数据平均，气象观测场为 2 根中子管平均，出版结果为月平均值

数据集时间范围：2004—2008 年

数据集名称：农田土壤含水量

数据集摘要：烘干法测量的拉萨站综合观测场农田土壤质量含水量和土层储水量，该数据作为中子仪方法的对照，用于校正中子仪观测数据。生长季期间每月测定 1 次，每个中子管周围取 3 个点作为重复，出版结果为月平均值

数据集时间范围：2004—2008 年

数据集名称：农田地表水、地下水质状况

数据集摘要：拉萨站农田生态系统水环境动态记录，包括流动地表水，农田地下水、饮用水、雨水等，每年取样 2 次，干（1 月）湿季（7 月）各 1 次。分析指标包括 pH 值、钙离子、镁离子、钾离子、钠离子、碳酸根离子、重碳酸根离子、氯化物、硫酸根离子、磷酸根离子、硝酸根、矿化度、总氮、总磷等

数据集时间范围：2004—2008 年

数据集名称：农田地下水位记录

数据集摘要：拉萨站气象观测场和农田地下水位的动态记录，5d 1 次

数据集时间范围：2003—2008 年

数据集名称：农田蒸散日报表（水量平衡法）

数据集摘要：用水量平衡法计算的拉萨站综合观测场样地的蒸散量、土层储水量，以 5d 为计算步长

数据集时间范围：2003—2008 年

数据集名称：农田土壤水分常数

数据集摘要：拉萨站综合观测场和气象观测场的土壤水分常数，包括分层土壤完全持水量、土壤田间持水量，土壤凋萎含水量，土壤孔隙度总量、容重等指标，10 年测定 1 次

数据集时间范围：2005 年

数据集名称：水面蒸发量表

数据集摘要：在拉萨站气象观测场，以 E601 型水面蒸发自动监测系统测定的蒸发量，同时测定水温每小时记录 1 次数据，出版结果为月平均值

数据集时间范围：2004—2008 年

数据集名称：雨水水质表

数据集摘要：在拉萨站气象观测场设立雨水收集装置，收集每次的降水混合作为每月水样的代表，每年在 1 月、4 月、7 月、10 月收集测定，分析指包括 pH、矿化度、硫酸根、以及非溶性物质总含量

数据集时间范围：2004—2008 年

数据集名称：农田灌溉量记录表

数据集摘要：记录拉萨站综合观测场作物生长季期间每个灌溉的时间、灌溉方式以及灌溉水量等信息

数据集时间范围：2004—2008 年

数据集名称：水质分析方法
数据集摘要：记录拉萨站水质分析中各理化指标的分析方法、参照国标等，逐年记录
数据集时间范围：2004—2008 年

2.4　大气数据资源目录

数据集名称：自动气象观测站温度各日逐时观测表
数据集摘要：拉萨站气象观测场常规气象要素自动观测指标，包括大气温度日平均值、日最大值、日最小值、月极大值、极大值日期、月极小值、极小值日期，半小时记录 1 次统计结果为月均值
数据集时间范围：2004—2007 年

数据集名称：自动气象观测站相对湿度各日逐时观测表
数据集摘要：拉萨站气象观测场常规气象要素自动观测指标，包括大气相对湿度的日平均值、日最大值、日最小值、月极大值，半小时记录 1 次，统计结果为月均值
数据集时间范围：2004—2007 年

数据集名称：自动气象观测站大气压强各日逐时观测表
数据集摘要：拉萨站气象观测场常规气象要素自动观测指标，包括大气压强的日平均值、日最大值、日最小值、月极大值、极大值日期、月极小值、极小值日期，半小时记录 1 次，统计结果为月均值
数据集时间范围：2004—2007 年

数据集名称：自动气象观测站地表温度各日逐时观测表
数据集摘要：拉萨站气象观测场常规气象要素自动观测指标，包括地表温度的日平均值、日最大值、日最小值、月极大值、极大值日期、月极小值、极小值日期，半小时记录 1 次，统计结果为月均值
数据集时间范围：2004—2007 年

数据集名称：自动气象观测站风向、风速各日逐时观测表
数据集摘要：拉萨站气象观测场常规气象要素自动观测指标，包括平均风速、最多风向、最大风速、最大风风向、最大风出现日期、最大风出现时间，半小时记录 1 次，统计结果为月均值
数据集时间范围：2004—2007 年

数据集名称：自动气象观测站降水各日逐时观测表
数据集摘要：拉萨站气象观测场常规气象要素自动观测指标，包括月降水合计、日最高降水，半小时记录 1 次，统计结果为逐月累计值
数据集时间范围：2004—2007 年

数据集名称：自动气象观测站各月逐日太阳辐射总量
数据集摘要：拉萨站气象观测场常规气象要素自动观测指标，包括太阳辐射总量、反辐射总量、自外辐射总量、净辐射总量、光合有效辐射总量，以及日照时数，半小时记录 1 次，统计结果为逐月平均值

数据集时间范围：2004—2007 年

数据集名称：自动气象观测站土壤温度各日逐时观测表

数据集摘要：拉萨站气象观测场常规气象要素自动观测指标，包括 0cm、5cm、10cm、15cm、20cm、40cm、60cm、100cm 土壤温度，半小时记录 1 次，统计结果为逐月平均值

数据集时间范围：2004—2007 年

数据集名称：人工气象观测数据表—气压

数据集摘要：拉萨站气象观测场常规气象要素人工观测指标，包括平均气压、最高气压、最高气压出现日期、最低气压、最低气压出现日期，每天记录 3 次，统计结果为逐月平均值

数据集时间范围：1993—2008 年

数据集名称：人工气象观测数据表—干球温度

数据集摘要：拉萨站气象观测场常规气象要素人工观测指标，包括平均干球温度、日最高干球温度、日最低干球温度、最高干球温度极值、最高干球温度极值出现日期、最低干球温度极值、最低干球温度极值出现日期、统计结果为逐月平均值

数据集时间范围：1993—2008 年

数据集名称：人工气象观测数据表—相对湿度

数据集摘要：拉萨站气象观测场常规气象要素人工观测指标，包括相对湿度平均值、最低相对湿度、最低相对湿度出现日期，统计结果为逐月平均值

数据集时间范围：1993—2008 年

数据集名称：人工气象观测数据表—风向风速

数据集摘要：拉萨站气象观测场常规气象要素人工观测指标，包括 8 时月平均风速、14 时月平均风速、20 时月平均风速、月极大风速、极大风速出现日期、最多风向大风次数，统计结果为逐月平均值

数据集时间范围：1993—2008 年

数据集名称：人工气象观测数据表—地表温度

数据集摘要：拉萨站气象观测场常规气象要素人工观测指标，包括平均地表温度、最高地表温度极值、最高地表温度极值出现日期、最低地表温度极值、最低地表温度极值出现日期，统计结果为逐月平均值

数据集时间范围：1993—2008 年

数据集名称：人工气象观测数据表—日照

数据集摘要：拉萨站气象观测场常规气象要素人工观测指标，包括日照时数合计小时值、日照时数合计分钟值，统计结果为逐月平均值

数据集时间范围：1993—2007 年

数据集名称：人工气象观测数据表—降水蒸发

数据集摘要：拉萨站气象观测场常规气象要素人工观测指标，包括 E601 蒸发皿 20 时蒸发量、

20～8时降水量月、8～20时降水量、20～20时降水量，统计结果为逐月平均值

数据集时间范围： 1993—2007年

2.5　拉萨站研究数据资源目录

数据集名称： 拉萨站引种农作物生育期观测数据

数据集摘要： 1997—2001年间，拉萨站引进了多个品种的农作物，进行了品比实验，包括不同品种的冬小麦、春小麦、春青稞、玉米、油菜以及马铃薯、油葵、豆类作物，该结果为引种作物的生育期动态记录，数据为不连续记录结果，人工动态记录

数据集时间范围： 1997—2001年

数据集名称： 拉萨站引种牧草生育期及生物量试验数据

数据集摘要： 拉萨站主要引种牧草的试验结果，包括1994年的生育期动态记录、以及1998年的生物量测定结果，引种的牧草包括紫花苜蓿、三叶草、雀麦、黑麦草等近90个品种

数据集时间范围： 1994、1998年

数据集名称： 拉萨站引种农作物及牧草品质分析数据

数据集摘要： 拉萨站主要引种农作物及牧草品质的测定结果，包括1996—1998年小麦品质分析、1998年云雀豆品质分析，1996年、1997年牧草的主要成分分析、1998年西藏蚕豆品质分析等

数据集时间范围： 1996—1998年

数据集名称： 拉萨站本底调查数据

数据集摘要： 介绍了1993—1994年期间所进行的本底调查结果，内容涉及气候、土壤、农业、林业、畜牧业、生物等方面，由拉萨站第一任站长张谊光研究员整理撰写

数据集时间范围： 1993—1994年

数据集名称： 达孜农场土壤调查报告

数据集摘要： 介绍了1994年期间在拉萨站所在地达孜农场进行的土壤调查结果，由原中国科学院自然资源综合考察委员会雷震明研究员撰写

数据集时间范围： 1994年

数据集名称： 达孜农场荒地植被概貌及其生物生产量之测定

数据集摘要： 介绍了1994年拉萨站建站初期，在拉萨站进行的植被调查结果，由西藏生物研究所李辉撰写

数据集时间范围： 1994年

第三章

观测场和采样地

3.1 概述

拉萨站共设有10个观测场，21个采样地（表3-1），各观测场的空间分布图见图3-1。按照CERN的规范和要求，拉萨站试验场地的设置为：综合观测场1处，气象观测场1处，辅助观测场6处（包括施肥试验辅助观测场1处，土壤生物辅助长期采样地1处，水分辅助监测点4处），以及站区调查点2处，其中气象观测场和综合观测场都位于拉萨站试验区内（西藏军区达孜农场内，所配置的仪器设备均具有很高安全保障），紧邻生活区，便于日常管理和监测。

表3-1 拉萨站观测场、采样地一览表

观测场名称	观测场代码	采样地名称	采样地代码
综合观测场	LSAZH01	综合观测场水土生联合长期观测采样地	LSAZH01ABC_01
		综合观测场中子管采样地	LSAZH01CTS_01
		综合观测场烘干法采样地	LSAZH01CHG_01
气象观测场	LSAQX01	气象观测场中子管采样地	LSAQX01CTS_01
		气象观测场E601小型蒸发皿	LSAQX01CZF_01
		气象观测场E601型水面自动蒸发仪	LSAQX01CZF_02
		气象观测场雨水采样器	LSAQX01CYS_01
		气象观测场地下水观测点	LSAQX01CDX_01
施肥试验辅助观测场	LSAFZ01	施肥试验辅助观测场农田土壤要素辅助长期观测采样地（空白）	LSAFZ01ABO_01
		施肥试验辅助观测场农田土壤要素辅助长期观测采样地（羊粪）	LSAFZ01ABO_02
		施肥试验辅助观测场农田土壤要素辅助长期观测采样地（化肥）	LSAFZ01ABO_03
		施肥试验辅助观测场农田土壤要素辅助长期观测采样地（化肥+羊粪）	LSAFZ01ABO_04
轮作模式土壤生物长期观测采样地	LSASY01	轮作模式土壤生物长期观测采样地（西）	LSASY01ABO_01
		轮作模式土壤生物长期观测采样地（中）	LSASY01ABO_02
		轮作模式土壤生物长期观测采样地（东）	LSASY01ABO_03
地表灌溉水水质监测点	LSAFZ10	地表灌溉水水质监测点	LSAFZ10CGB_01
流动地表水水质监测点	LSAFZ11	流动地表水水质监测点	LSAFZ11CLB_01
地下饮用水水质监测点	LSAFZ12	地下饮用水水质监测点	LSAFZ12CDX_01
农田地下水水质监测点	LSAFZ13	农田地下水水质监测点	LSAFZ13CDX_01
达孜县德庆乡调查点	LSAZQ01	达孜县德庆乡土壤生物长期采样地	LSAZQ01ABO_01
达孜县邦堆乡调查点	LSAZQ02	达孜县邦堆乡土壤生物长期采样地	LSAZQ02ABO_01

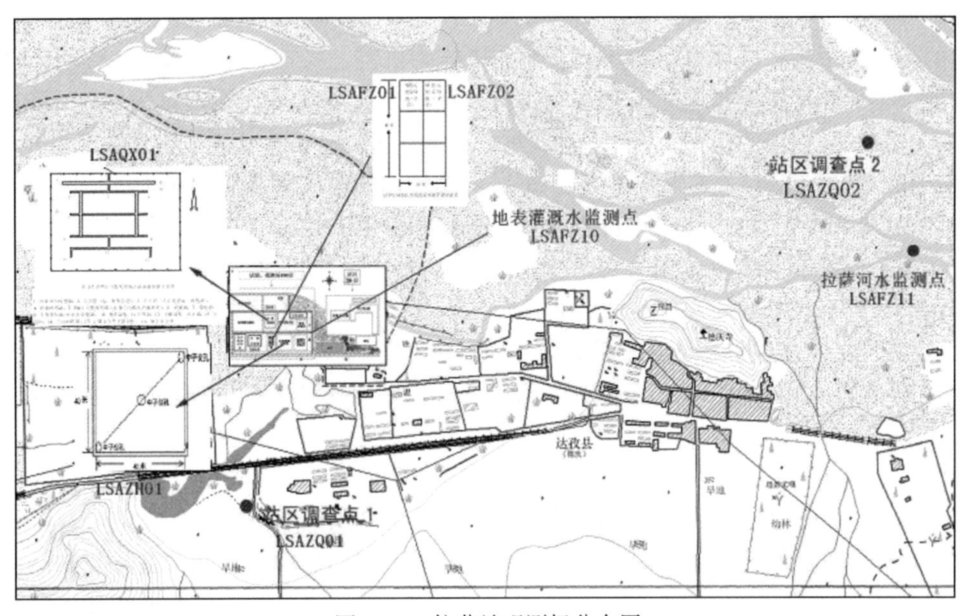

图 3-1 拉萨站观测场分布图

3.2 观测场介绍

3.2.1 综合观测场（LSAZH01）

综合观测场于 2004 年建立，地处拉萨河下游南岸的河谷中，地势平坦，是西藏地区河谷农业区的典型代表。

综合观测场的部分区域系建站初期（1994），从他处挖掘土壤，经填埋、平整而成。从 1994 年该地形成之后，耕作措施即为机耕，人工施肥、播种、管理、收获，曾多次施用羊肥作为基肥，化肥为追肥。2004 年前被分割为多个小区种植过小麦、青稞、蚕豆、豌豆、玉米、萝卜、马铃薯、向日葵等一季农作物。

图 3-2 拉萨站综合观测场景观图

观测场面积为 40m×40m 的正方形，东北：91°20′36″E，29°40′36″N，东南：91°20′36″E，29°40′35″N，西北：91°20′29″E，29°40′36″N，西南：91°20′29″E，29°40′35″N。设计使用年数 100 年。海拔 3 688m，昼夜温差大。土壤属于山地灌丛草甸土类，土壤分层不明显且浅薄，下伏有巨厚的砾石层，上面覆盖不足 60cm 的土层。水分条件较好，地下水位浅（约 2～3.5m），且可引用拉萨河水进行自流灌溉。

该样地的轮作体系为，一年一季冬小麦，耕作措施为机耕，人工施肥、播种、管理、收获。施肥制度为机耕前施羊粪和化肥为基肥，追肥在小麦拔节期施入，其中羊粪施用量为：4 995kg/hm^2（纯N%=1.014），每2～3年施用1次；纯N施入量大约为150kg/hm^2；其中尿素225kg/hm^2（纯N%=46）；磷酸二铵225kg/hm^2（纯N%=16）。每次记录具体的时间和施肥的种类和用量。

灌溉制度为引拉萨河水可保证全年自流灌溉的需要，每年大致分6次灌溉：播种后—上冻前—返青—拔节—扬花—成熟前。灌溉方式为大田漫灌。每次记录灌溉的时间和灌溉量。

综合观测场采样地包括：①水土生联合长期观测采样地；②中子管采样地；③烘干法采样地。

3.2.1.1 综合观测场水土生联合长期观测采样地（LSAZH01ABC _ 01）

土壤采样地设置为6个5m×5m的样方，均匀分布于综合观测场；生物采样地设置为6个1m×1m的样方。

观测项目：农田主要作物肥料投入情况，农田主要作物农药、除草剂、生长剂等投入情况，农田作物种类与产值，农田复种指数与典型地块作物轮作体系，农田灌溉制度，作物物候，作物叶面积与生物量动态，耕作层作物根生物量，作物植株性状与产量，农田作物矿质元素含量与能值，农田土壤微生物生物量碳季节动态，土壤交换量，土壤养分，土壤矿质全量，土壤微量元素和重金属元素，土壤速效微量元素，土壤机械组成，土壤容重。

土壤采样：在每个土壤样方中，用土钻取至少10个单样混合成1个分区样。

生物采样：每次从6个样方中取得6份样品作为6次重复。

3.2.1.2 综合观测场中子管采样地（LSAZH01CTS _ 01）

沿观测场对角线布设3个中子管（图3-3），编码为：LSAZH01CTS _ 01 _ 01，LSAZH01CTS _ 01 _ 02，LSAZH01CTS _ 01 _ 03。

观测项目农田土壤水分动态，生长季每5天观测1次，观测深度为80cm，每10cm一层。

3.2.1.3 拉萨站综合观测场烘干法采样地（LSAZH01CHG _ 01）

以综合观测场中子管为中心，每次在中子管周围取2个土样测定，每2月采集分析1次。观测项目农田土壤水分动态。

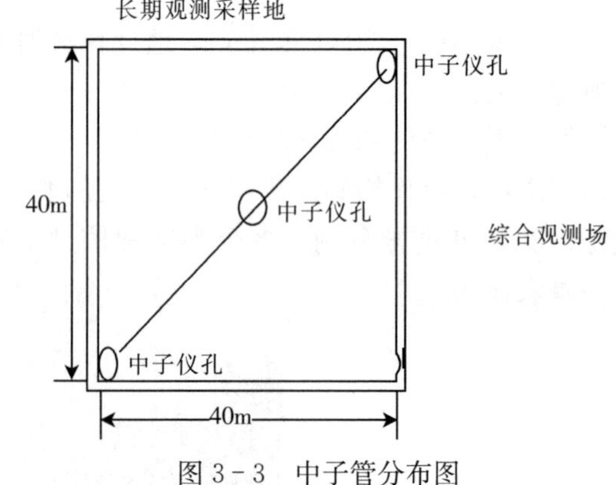

图3-3 中子管分布图

3.2.2 气象观测场（LSAQX01）

始建于1994年，2004年完成改建，设计使用年数为100年。位于拉萨站站区内，按国家标准设置（25m×25m），依据CERN监测规范安装人工观测气象仪器1套、Milos520自动气象站1套，以及地下水位井、中子管、水面自动蒸发测量系统等各种监测仪器（图3-4、图3-5）。

气象观测场采样地包括：①中子管采样地；②E601小型蒸发皿；③E601型水面自动蒸发仪；④雨水采样器；⑤地下水观测点。

3.2.2.1 气象观测场中子管采样地（LSAQX01CTS _ 01）

在水面自动蒸发仪旁设2根中子管，编号分别为：LSAQX01CTS _ 01；LSAQX01CTS _ 02。观测项目为土壤水分动态，每月3日、8日观测，测定深度为70cm，每10cm为1层。

3.2.2.2 气象观测场E601小型蒸发皿（LSAQX01CZF _ 01）

监测点位于气象观测场内，为一小型蒸发皿，编号为LSAQX01CZF _ 01。

观测项目为水面蒸发，每天晚20点观测1次。

图 3-4　拉萨站气象观测场

3.2.2.3　气象观测场 E601 型水面自动蒸发仪（LSAQX01CZF _ 02）

自动记录水面蒸发动态，每 1h 记录 1 次。

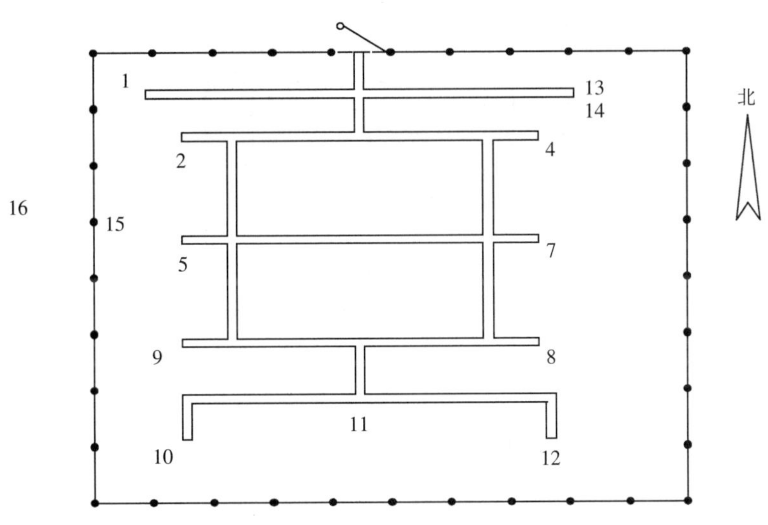

图 3-5　气象观测场设施分布图

1. 风杆和风传感器　2. 百叶箱（温、湿度自记）　3. 百叶箱（人工观测温、湿度表）　4. 雨量传感器　5. E601 大型蒸发器（水面自动蒸发测量系统）　6. 雨量器　7. 辐射表　8. 小型蒸发器　9. 雨水收集器　10. 地表温度　11. 日照器　12. 土壤温度、冻土器　13. 自动站　14. 自动站机箱　15. 土壤水分中子管 2 根　16. 地下水位井

3.2.2.4　拉萨站气象观测场雨水采样器（LSAQX01CYS _ 01）

在气象观测场内设雨水收集器 1 个。观测项目为雨水水质监测，自 2005 年 1 月开始同位素监测。

收集时间：水质监测为每年 1、4、7、10 月各采集 1 次；同位素水样为每月采集 1 次。

收集方法：全月雨水混合取样。

3.2.2.5　拉萨站气象观测场地下水观测点（LSAQX01CDX _ 01）

该地下水位井位于气象观测场旁。观测项目为地下水位动态、水质、同位素监测。

地下水位动态：与土壤水分动态同期观测，5d 测定一次，每月 3 日、8 日测定。

水质监测：旱季、雨季各取水样 1 次。

同位素水样：每月 1 次。

3.2.3 施肥试验辅助观测场（LSAFZ01）

施肥试验辅助长期观测场建立于 2008 年，样地位于拉萨站水肥试验场西侧。面积为 30m×40m，共分为 12 个小区，每个小区面积为 10m×10m；具体示意见图 3-6。

该观测场为综合观测场的对照，种植模式与综合观测场相同，但采用不同的施肥管理模式，即 4 个不同的施肥模式，空白、羊粪、化肥、羊肥＋化肥，各样地施肥的量为等氮（150kg/hm²）。该观测场其他方面的管理同综合观测场，包括播种的时间和作物品种，灌溉时间和灌溉量，每次都要做详细的记录。

该观测场的土壤方面的观测内容同综合观测场，包括土壤交换量，土壤养分，土壤矿质全量，土壤微量元素和重金属元素，土壤速效微量元素，土壤机械组成，土壤容重等，各指标的观测时间及频次与综合观测场同步进行。

生物方面的观测指标包括作物植株性状与产量、农田作物矿质元素含量与能值等，各指标的观测时间及频次与综合观测场同步进行。

图 3-6 拉萨站施肥试验辅助观测场示意图

施肥试验辅助观测场的采样地包括：①农田土壤要素辅助长期观测采样地（空白）；②农田土壤要素辅助长期观测采样地（羊粪）；③农田土壤要素辅助长期观测采样地（化肥）；④农田土壤要素辅助长期观测采样地（化肥＋羊粪）。

3.2.3.1 施肥试验辅助观测场农田土壤要素辅助长期观测采样地（空白）（LSAFZ01AB0_01）

不施肥。

3.2.3.2 施肥试验辅助观测场农田土壤要素辅助长期观测采样地（羊粪）（LSAFZ01AB0_02）

播种前，每个小区施用羊肥 192kg。

3.2.3.3 施肥试验辅助观测场农田土壤要素辅助长期观测采样地（化肥）（LSAFZ01AB0_03）

播种前，磷酸二铵 1.305kg ＋ 尿素 1.305kg；追肥，尿素 1.5kg/小区。

3.2.3.4 施肥试验辅助观测场农田土壤要素辅助长期观测采样地（化肥＋羊粪）（LSAFZ01AB0_04）

播种前，羊肥 50kg/小区＋磷酸二铵 0.675kg ＋ 尿素 0.675kg；追肥，尿素 1.5kg/小区。

3.2.4 轮作模式土壤生物长期观测采样地（LSASY01）

该样地位于拉萨站试验区内，于 2003 年正式建立，2007 年正式开始观测。样地面积为 40m×

60m，分为3个大的小区，每个小区面积为40m×20m。具体见图3-7。

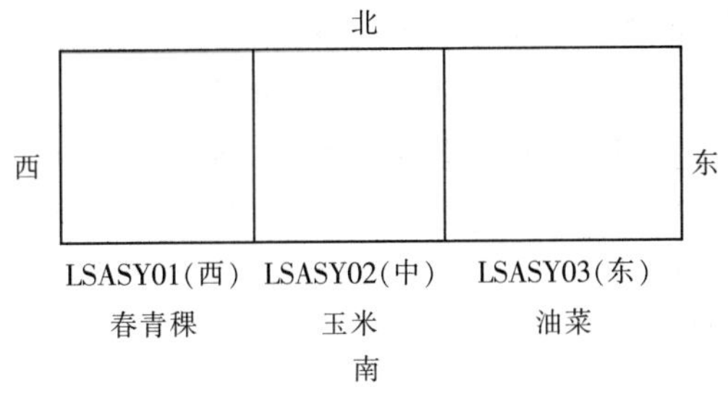

图3-7 拉萨站轮作模式长期观测采样地平面示意图

该样地的轮作体系为，一年一季玉米—青稞—油菜轮作；耕作措施为机耕，人工施肥、播种、管理、收获。施肥制度为羊粪+化肥；肥料施用量为羊粪：15t/hm^2（纯N%=1.014），每2～3年施用1次；纯N施入量大约为150kg/hm^2；其中尿素225kg/hm^2（纯N%=46）；磷酸二铵225kg/hm^2（纯N%=16）。施用方式为羊粪作为基肥一次施入；尿素和磷酸二铵分基肥和追肥两次分别施入。每次要记录每个小区的施肥种类和数量。灌溉制度为每年大致分4～5次灌溉：播种后—返青—拔节—扬花—成熟前。灌溉方式：大田漫灌。

该样地的土壤方面的观测内容包括表层土壤速效养分、表层土壤养分、表层土壤阳离子交换量和交换性阳离子、土壤养分全量。

轮作模式土壤生物长期观测采样地包括3个采样地：①土壤生物长期观测采样地（西）；②轮作模式土壤生物长期观测采样地（中）；③轮作模式土壤生物长期观测采样地（东）。

3.2.4.1 轮作模式土壤生物长期观测采样地（西）（LSASY01AB0_01）

2007年建立，轮作体系为玉米—冬小麦（青稞）—油菜。

3.2.4.2 轮作模式土壤生物长期观测采样地（中）（LSASY01AB0_02）

2007年建立，轮作体系为冬小麦（青稞）—油菜—玉米。

3.2.4.3 轮作模式土壤生物长期观测采样地（东）（LSASY01AB0_03）

2007年建立，轮作体系为油菜—玉米—冬小麦（青稞）。

3.2.5 地表灌溉水水质监测点（LSAFZ10）

监测点设在综合观测场内的灌溉水渠中，坐标：91°20′33″E，29°40′35″N，2004年开始监测。该水渠为建站初期（1994）建造，水源引自拉萨河水。

采样地包括：地表灌溉水水质监测点。

地表灌溉水水质调查点（LSAFZ10CGB_01）

观测项目：地表灌溉水质、同位素监测。

观测方法：采样瓶取样，水质监测为一年两次，分为旱季（1月）和雨季（7月）；同位素监测每月取样。

3.2.6 地表流动水水质监测点（LSAFZ11）

监测点设在距离拉萨站约3km处拉萨河中心。坐标：91° 20′33″E，29°40′35″N，2004年开始监测。

采样地包括：流动地表水水质监测点（LSAFZ11CLB_01）。

流动地表水水质监测点（LSAFZ11CLB_01）

观测项目：流动地表水水质、同位素监测。

观测方法：采样瓶取样，水质监测为一年两次，分为旱季（1月）和雨季（7月）；同位素监测每月取样。

3.2.7 地下饮用水水质监测点（LSAFZ12）

监测点设在拉萨站饮用地下水井，坐标：91°20′33″E，29°40′35″N，2005年开始监测。引用地下水井建于1993年，深约10m。

采样地包括：地下饮用水水质监测点

地下饮用水水质监测点（LSAFZ12CDX _ 01）

观测项目：浅层地下水质、同位素监测。

观测方法：采样瓶取样，水质监测为一年两次，分为旱季（1月）和雨季（7月）；同位素监测每月取样。

3.2.8 农田地下水水质监测点（LSAFZ13）

监测点设在拉萨站农田地下水井，坐标：91°20′33″E，29°40′35″N，2007年开始监测。该井为拉萨站综合观测场农田地下水井，建立于2007年，深约6m。

采样地包括：农田地下水水质监测点。

农田地下水水质监测点（LSAFZ13CDX _ 01）

观测项目：浅层地下水水质、同位素监测。

观测方法：采样瓶取样，水质监测为一年两次，分为旱季（1月）和雨季（7月）；同位素监测每月取样。

3.2.9 达孜县德庆乡调查点（LSAZQ01）

该观测场位于拉萨站附近的达孜县德庆镇，地处拉萨河下游南岸的阶地中，地势平坦。海拔3 698m，坐标：91°20′45″E，29°40′05″N，2004年建立，长期使用。观测场为近似的矩形，面积约0.4hm²。

该样地的种植模式由农户自己决定，主要种植当地的一年一季的粮食作物冬小麦等。耕作措施为机耕，人工施肥、播种、管理、收获。施肥制度为播种前施羊粪为基肥，化肥以追肥施入；灌溉制度为引河水自流灌溉，每生长季灌溉5～6次。

采样地包括：土壤生物长期采样地。

达孜县德庆乡土壤生物长期采样地（LSAZQ01AB0 _ 01）

观测项目：土壤交换量，土壤养分，土壤矿质全量，土壤微量元素和重金属元素，土壤速效微量元素，土壤机械组成，土壤容重等。其他的观测指标还包括农田环境要素，作物组成，历年复种指数与典型地块作物轮作体系，主要作物肥料、农药、除草剂等投入量，灌溉制度，病虫害记录。

土壤采样：在观测场中央设置6个小区，用土钻取至少10个单样混合成1个分区样。

生物采样：在每个土壤采样区中设置1个1m×1m的样方，每次从6个样方中取得6份样品作为6次重复。

3.2.10 达孜县邦堆乡调查点（LSAZQ02）

该站区调查点位于拉萨站附近的达孜县邦堆乡，坐标：91°22′25.68″E，29°41′35.52″N，观测场为近似的矩形，面积约0.4hm²，2004年建立，长期使用。地处拉萨河下游北岸的河谷滩地中，地势平坦。海拔3 694m。土壤分层不明显且浅薄，约50cm，砾石含量多。

该观测场的种植模式由农户自己决定，主要种植当地的一年一季的粮食作物冬小麦和马铃薯等。耕作措施为机耕，人工施肥、播种、管理、收获。施肥制度为播种前施羊粪为基肥，化肥以追肥施入。灌溉为引河水自流灌溉，每生长季灌溉5～6次。

采样地包括：土壤生物长期采样地。

达孜县邦堆乡土壤生物长期采样地（LSAZQ02AB0 _ 01）

观测项目：土壤交换量，土壤养分，土壤矿质全量，土壤微量元素和重金属元素，土壤速效微量元素，土壤机械组成，土壤容重等。其他的观测指标还包括农田环境要素，作物组成，历年复种指数与典型地块作物轮作体系，主要作物肥料、农药、除草剂等投入量，灌溉制度，病虫害记录。

土壤采样：在观测场中央设置 6 个小区，用土钻取至少 10 个单样混合成 1 个分区样。

生物采样：在每个土壤采样区中设置 1 个 1m×1m 的样方，每次从 6 个样方中取得 6 份样品作为 6 次重复。

第四章

长期监测数据

4.1 生物监测数据

4.1.1 农田作物种类与产值

4.1.1.1 综合观测场

表4-1 综合观测场水土生联合长期观测采样地农田作物种类与产值

年份	作物名称	作物品种	播种量(kg/hm²)	播种面积(hm²)	占总播比率(%)	单产(kg/hm²)	直接成本(元/hm²)	产值(元/hm²)
2003	冬小麦	BUSSYD	225.00	0.01	100.0	—	—	—
2004	冬小麦	BUSSYD	150.00	0.16	100.0	6 750	2 525	8 275
2005	冬小麦	BUSSYD	150.00	0.16	100.0	6 750	2 525	8 275
2006	春青稞	3086	112.50	0.16	100.0	2 852	1 025	3 538
2007	春青稞	3086	165.00	0.16	100.0	3 405	1 725	4 086
2008	油菜	中试品系	22.50	0.16	100.0	1 608	2 474	4 824

4.1.1.2 施肥试验辅助观测场

表4-2 施肥试验辅助观测场土壤要素辅助长期观测采样地（空白）农田作物种类与产值

年份	作物名称	作物品种	播种量(kg/hm²)	播种面积(hm²)	占总播比率(%)	单产(kg/hm²)	直接成本(元/hm²)	产值(元/hm²)
2007	春青稞	3086	165.00	0.02	100.0	4 770	3 375	5 364
2008	油菜	中试品系	22.50	0.03	100.0	3 615	1 068	3 204

表4-3 施肥试验辅助观测场土壤要素辅助长期观测采样地（羊粪）农田作物种类与产值

年份	作物名称	作物品种	播种量(kg/hm²)	播种面积(hm²)	占总播比率(%)	单产(kg/hm²)	直接成本(元/hm²)	产值(元/hm²)
2007	春青稞	3086	165.00	0.02	100.0	770	1 375	1 925
2008	油菜	中试品系	22.50	0.03	100.0	132	1 668	397

表4-4 施肥试验辅助观测场土壤要素辅助长期观测采样地（化肥）农田作物种类与产值

年份	作物名称	作物品种	播种量(kg/hm²)	播种面积(hm²)	占总播比率(%)	单产(kg/hm²)	直接成本(元/hm²)	产值(元/hm²)
2007	春青稞	3086	165.00	0.02	100.0	3 039	1 815	7 598
2008	油菜	中试品系	22.50	0.03	100.0	1 834	1 414	5 503

表4-5 施肥试验辅助观测场土壤要素辅助长期观测采样地（羊粪+化肥）农田作物种类与产值

年份	作物名称	作物品种	播种量(kg/hm²)	播种面积(hm²)	占总播比率(%)	单产(kg/hm²)	直接成本(元/hm²)	产值(元/hm²)
2008	油菜	中试品系	22.50	0.03	100.0	2 162	2 708	6 485

4.1.1.3　轮作模式土壤生物长期观测采样地

表 4-6　轮作模式土壤生物长期观测采样地（西）农田作物种类与产值

年份	作物名称	作物品种	播种量 (kg/hm²)	播种面积 (hm²)	占总播比率 (%)	单产 (kg/hm²)	直接成本 (元/hm²)	产值 (元/hm²)
2007	春青稞	3086	165.00	0.08	100.0	3 222	390	8 055
2008	玉米	东农 248	27.00	0.08	100.0	—	3 393	—

表 4-7　轮作模式土壤生物长期观测采样地（中）农田作物种类与产值

年份	作物名称	作物品种	播种量 (kg/hm²)	播种面积 (hm²)	占总播比率 (%)	单产 (kg/hm²)	直接成本 (元/hm²)	产值 (元/hm²)
2007	玉米	东农 248	27.00	0.08	100.0	—	—	—
2008	油菜	中试品系	22.50	0.08	100.0	1 482	2 474	3 705

表 4-8　轮作模式土壤生物长期观测采样地（东）农田作物种类与产值

年份	作物名称	作物品种	播种量 (kg/hm²)	播种面积 (hm²)	占总播比率 (%)	单产 (kg/hm²)	直接成本 (元/hm²)	产值 (元/hm²)
2007	油菜	中试品系	22.50	0.08	100.0	2 136	1 050	6 408
2008	春青稞	3086	165.00	0.08	100.0	2 477	2 819	6 193

4.1.1.4　达孜县德庆乡调查点

表 4-9　达孜县德庆乡土壤生物长期采样地农田作物种类与产值

年份	作物名称	作物品种	播种量 (kg/hm²)	播种面积 (hm²)	占总播比率 (%)	单产 (kg/hm²)	直接成本 (元/hm²)	产值 (元/hm²)
2004	冬小麦	BUSSYD	150.00	0.40	100.0	4 500	525	6 675
2005	冬小麦	肥麦	540.00	0.33	100.0	3 060	1 351	3 672
2006	冬小麦	肥麦	225.00	0.33	100.0	4 200	420	5 040
2007	冬小麦	肥麦	240.00	0.33	100.0	3 317	825	5 639
2008	冬小麦	肥麦	240.00	0.27	100.0	3 267	577	5 554

4.1.1.5　达孜县邦堆乡调查点

表 4-10　达孜县邦堆乡土壤生物长期采样地农田作物种类与产值

年份	作物名称	作物品种	播种量 (kg/hm²)	播种面积 (hm²)	占总播比率 (%)	单产 (kg/hm²)	直接成本 (元/hm²)	产值 (元/hm²)
2004	冬小麦	BUSSYD	150.00	0.40	100.0	4 500	525	6 675
2005	马铃薯	艾玛岗马铃薯	2 250.00	0.33	100.0	—	2 980	—
2006	冬小麦	肥麦	250.00	0.33	100.0	5 400	495	6 480
2007	冬小麦	肥麦	240.00	0.33	100.0	2 766	925	4 702
2008	马铃薯	藏马铃薯	2 250.00	0.11	33.3	13 730	2 501	10 984
2008	马铃薯	艾玛岗马铃薯	2 250.00	0.11	33.3	26 413	2 501	21 131

4.1.2　农田复种指数与典型地块作物轮作体系

4.1.2.1　综合观测场

表 4-11　综合观测场水土生联合长期观测采样地复种指数与作物轮作体系

年份	农田类型	复种指数 (%)	轮作体系	当年作物
2003	水浇地	100	冬小麦→油菜→青稞	冬小麦
2004	水浇地	100	冬小麦→青稞→油菜	冬小麦

（续）

年份	农田类型	复种指数（%）	轮作体系	当年作物
2005	水浇地	100	冬小麦→青稞→油菜	冬小麦
2006	水浇地	100	冬小麦→青稞→油菜	春青稞
2007	水浇地	100	冬小麦→春青稞→油菜	春青稞
2008	水浇地	100	冬小麦→春青稞→油菜	油菜

4.1.2.2 施肥试验辅助观测场

表 4-12 农田土壤要素辅助长期观测采样地（空白）复种指数与作物轮作体系

年份	农田类型	复种指数（%）	轮作体系	当年作物
2006	水浇地	100	冬小麦→青稞→油菜	春青稞
2007	水浇地	100	冬小麦→春青稞→油菜	春青稞
2008	水浇地	100	冬小麦→春青稞→油菜	油菜

表 4-13 农田土壤要素辅助长期观测采样地（羊粪）复种指数与作物轮作体系

年份	农田类型	复种指数（%）	轮作体系	当年作物
2006	水浇地	100	冬小麦→青稞→油菜	春青稞
2007	水浇地	100	冬小麦→春青稞→油菜	春青稞
2008	水浇地	100	冬小麦→春青稞→油菜	油菜

表 4-14 农田土壤要素辅助长期观测采样地（化肥）复种指数与作物轮作体系

年份	农田类型	复种指数（%）	轮作体系	当年作物
2007	水浇地	100	冬小麦→春青稞→油菜	春青稞
2008	水浇地	100	冬小麦→春青稞→油菜	油菜

表 4-15 农田土壤要素辅助长期观测采样地（羊粪＋化肥）复种指数与作物轮作体系

年份	农田类型	复种指数（%）	轮作体系	当年作物
2008	水浇地	100	冬小麦→春青稞→油菜	油菜

4.1.2.3 轮作模式土壤生物长期观测采样地

表 4-16 轮作模式土壤生物长期观测采样地（西）复种指数与作物轮作体系

年份	农田类型	复种指数（%）	轮作体系	当年作物
2007	水浇地	100	油菜→玉米→春青稞	春青稞
2008	水浇地	100	油菜→玉米→春青稞	玉米

表 4-17 轮作模式土壤生物长期观测采样地（中）复种指数与作物轮作体系

年份	农田类型	复种指数（%）	轮作体系	当年作物
2007	水浇地	100	油菜→玉米→春青稞	玉米
2008	水浇地	100	油菜→玉米→春青稞	油菜

表 4-18 轮作模式土壤生物长期观测采样地（东）复种指数与作物轮作体系

年份	农田类型	复种指数（%）	轮作体系	当年作物
2007	水浇地	100	油菜→玉米→春青稞	油菜
2008	水浇地	100	油菜→玉米→春青稞	春青稞

4.1.2.4　达孜县德庆乡调查点

表 4－19　达孜县德庆乡土壤生物长期采样地复种指数与作物轮作体系

年份	农田类型	复种指数（%）	轮作体系	当年作物
2004	水浇地	100	冬小麦→青稞	冬小麦
2005	水浇地	100	冬小麦→青稞	冬小麦
2006	水浇地	100	冬小麦→青稞	冬小麦
2007	水浇地	100	冬小麦→冬小麦	冬小麦
2008	水浇地	100	冬小麦→冬小麦	冬小麦

4.1.2.5　达孜县邦堆乡调查点

表 4－20　达孜县邦堆乡土壤生物长期采样地复种指数与作物轮作体系

年份	农田类型	复种指数（%）	轮作体系	当年作物
2004	水浇地	100	青稞→冬小麦→马铃薯	冬小麦
2005	水浇地	100	青稞→冬小麦→马铃薯	马铃薯
2006	水浇地	100	青稞→冬小麦→马铃薯	冬小麦
2007	水浇地	100	马铃薯→冬小麦→冬小麦	冬小麦
2008	水浇地	100	马铃薯→冬小麦→冬小麦	马铃薯

4.1.3　农田主要作物肥料投入情况

4.1.3.1　综合观测场

表 4－21　综合观测场水土生联合长期观测采样地主要作物肥料投入情况

年份	作物名称	肥料名称	施用时间	作物生育时期	施用方式	施用量（kg/hm²）	肥料折合纯氮量（kg/hm²）	肥料折合纯磷量（kg/hm²）	肥料折合纯钾量（kg/hm²）
2005	冬小麦	羊粪	2004－10－05	播种前	撒施，基肥	5 000.00	39.10	7.70	37.00
2005	冬小麦	碳酸铵	2004－10－05	播种前	撒施，基肥	150.00	27.00	—	—
2005	冬小麦	尿素	2004－10－05	播种前	撒施，基肥	75.00	34.50	—	—
2005	冬小麦	尿素	2005－05－29	孕穗	撒施，追肥	225.00	103.50	—	—
2006	春青稞	羊粪	2006－04－15	播种前	撒施，基肥	5 000.00	39.10	7.70	37.00
2006	春青稞	碳酸铵	2006－04－28	播种前	撒施，基肥	150.00	27.00	—	—
2006	春青稞	尿素	2006－04－28	播种前	撒施，基肥	75.00	34.50	—	—
2007	春青稞	磷酸二铵	2007－05－09	播种	基肥	112.50	18.00	22.50	—
2007	春青稞	尿素	2007－05－09	播种	基肥	112.50	51.75	—	—
2007	春青稞	磷酸二铵	2007－07－20	抽穗	追肥	112.50	18.00	22.50	—
2007	春青稞	尿素	2007－07－20	抽穗	追肥	112.50	51.75	—	—
2008	油菜	磷酸二铵	2008－04－18	播种	基肥	112.50	18.00	22.50	—
2008	油菜	尿素	2008－04－18	播种	基肥	112.50	51.75	—	—
2008	油菜	磷酸二铵	2008－05－31	蕾薹前期	追肥	112.50	18.00	22.50	—
2008	油菜	尿素	2008－05－31	蕾薹前期	追肥	112.50	51.75	—	—

4.1.3.2　施肥试验辅助观测场

表 4－22　农田土壤要素辅助长期观测采样地（空白）主要作物肥料投入情况

年份	作物名称	肥料名称	施用时间	作物生育时期	施用方式	施用量（kg/hm²）	肥料折合纯氮量（kg/hm²）	肥料折合纯磷量（kg/hm²）	肥料折合纯钾量（kg/hm²）
2006	春青稞	无							
2007	春青稞	无							
2008	油菜	无							

表 4－23　农田土壤要素辅助长期观测采样地（羊粪）主要作物肥料投入情况

年份	作物名称	肥料名称	施用时间	作物生育时期	施用方式	施用量（kg/hm²）	肥料折合纯氮量（kg/hm²）	肥料折合纯磷量（kg/hm²）	肥料折合纯钾量（kg/hm²）
2006	春青稞	羊粪	2006－04－15	播种前	撒施，基肥	5 000.00	39.10	7.70	37.00
2007	春青稞	羊粪	2007－05－09	播种	基肥	5 000.00	39.10	7.70	37.00
2008	油菜	羊粪	2008－04－25	播种	基肥	5 000.00	39.10	7.70	37.00

表 4－24　农田土壤要素辅助长期观测采样地（化肥）主要作物肥料投入情况

年份	作物名称	肥料名称	施用时间	作物生育时期	施用方式	施用量（kg/hm²）	肥料折合纯氮量（kg/hm²）	肥料折合纯磷量（kg/hm²）	肥料折合纯钾量（kg/hm²）
2007	春青稞	羊粪	2007－05－09	播种	基肥	5 000.00	39.10	7.70	37.00
2007	春青稞	磷酸二铵	2007－05－09	播种	基肥	112.50	18.00	22.50	—
2007	春青稞	尿素	2007－05－09	播种	基肥	112.50	51.75	—	—
2008	油菜	磷酸二铵	2008－04－25	播种	基肥	112.50	18.00	22.50	—
2008	油菜	尿素	2008－04－25	播种	基肥	112.50	51.75	—	—
2008	油菜	尿素	2008－06－15	蕾薹前期	追肥	150.00	69.00	—	—

表 4－25　农田土壤要素辅助长期观测采样地（羊粪＋化肥）主要作物肥料投入情况

年份	作物名称	肥料名称	施用时间	作物生育时期	施用方式	施用量（kg/hm²）	肥料折合纯氮量（kg/hm²）	肥料折合纯磷量（kg/hm²）	肥料折合纯钾量（kg/hm²）
2008	油菜	羊粪	2008－04－25	播种	基肥	5 000.00	39.10	7.70	37.00
2008	油菜	磷酸二铵	2008－04－25	播种	基肥	112.50	18.00	22.50	—
2008	油菜	尿素	2008－04－25	播种	基肥	112.50	51.75	—	—
2008	油菜	尿素	2008－06－15	蕾薹前期	追肥	150.00	69.00	—	—

4.1.3.3　轮作模式土壤生物长期观测采样地

表 4－26　轮作模式土壤生物长期观测采样地（西）主要作物肥料投入情况

年份	作物名称	肥料名称	施用时间	作物生育时期	施用方式	施用量（kg/hm²）	肥料折合纯氮量（kg/hm²）	肥料折合纯磷量（kg/hm²）	肥料折合纯钾量（kg/hm²）
2007	春青稞	磷酸二铵	2007－04－14	播种	基肥	112.50	18.00	22.50	—
2007	春青稞	尿素	2007－04－14	播种	基肥	112.50	51.75	—	—
2007	春青稞	尿素	2007－05－18	拔节前	追肥	270.00	124.20	—	—
2008	玉米	磷酸二铵	2008－04－18	播种	基肥	180.00	28.80	36.00	—
2008	玉米	尿素	2008－04－18	播种	基肥	82.50	37.95	—	—
2008	玉米	磷酸二铵	2008－06－10	拔节前	追肥	112.50	18.00	22.50	—
2008	玉米	尿素	2008－06－10	拔节前	追肥	112.50	51.75	—	—
2008	玉米	磷酸二铵	2008－07－10	抽雄	追肥	112.50	18.00	22.50	—
2008	玉米	尿素	2008－07－10	抽雄	追肥	112.50	51.75	—	—

表 4－27　轮作模式土壤生物长期观测采样地（中）主要作物肥料投入情况

年份	作物名称	肥料名称	施用时间	作物生育时期	施用方式	施用量（kg/hm²）	肥料折合纯氮量（kg/hm²）	肥料折合纯磷量（kg/hm²）	肥料折合纯钾量（kg/hm²）
2007	玉米	磷酸二铵	2007－04－16	播种	基肥	127.50	20.40	25.50	—
2007	玉米	尿素	2007－04－16	播种	基肥	127.50	58.65	—	—

（续）

年份	作物名称	肥料名称	施用时间	作物生育时期	施用方式	施用量 (kg/hm²)	肥料折合纯氮量 (kg/hm²)	肥料折合纯磷量 (kg/hm²)	肥料折合纯钾量 (kg/hm²)
2007	玉米	磷酸二铵	2007-05-18	拔节	追肥	127.50	20.40	25.50	—
2007	玉米	尿素	2007-05-18	拔节	追肥	127.50	58.65	—	—
2007	玉米	磷酸二铵	2007-06-06	抽雄前	追肥	127.50	20.40	25.50	—
2007	玉米	尿素	2007-06-06	抽雄前	追肥	127.50	58.65	—	—
2008	油菜	磷酸二铵	2008-04-18	播种	基肥	112.50	18.00	22.50	—
2008	油菜	尿素	2008-04-18	播种	基肥	112.50	51.75	—	—
2008	油菜	磷酸二铵	2008-05-31	蕾薹前期	追肥	112.50	18.00	22.50	—
2008	油菜	尿素	2008-05-31	蕾薹前期	追肥	112.50	51.75	—	—

表 4-28　轮作模式土壤生物长期观测采样地（东）主要作物肥料投入情况

年份	作物名称	肥料名称	施用时间	作物生育时期	施用方式	施用量 (kg/hm²)	肥料折合纯氮量 (kg/hm²)	肥料折合纯磷量 (kg/hm²)	肥料折合纯钾量 (kg/hm²)
2007	油菜	磷酸二铵	2007-05-18	出苗后	追肥	112.50	18.00	22.50	—
2007	油菜	尿素	2007-05-18	出苗后	追肥	112.50	51.75	—	—
2007	油菜	磷酸二铵	2007-06-05	蕾薹前	追肥	112.50	18.00	22.50	—
2007	油菜	尿素	2007-06-05	蕾薹前	追肥	112.50	51.75	—	—
2008	春青稞	磷酸二铵	2008-04-19	播种	基肥	150.00	24.00	30.00	—
2008	春青稞	尿素	2008-04-19	播种	基肥	75.00	34.50	—	—
2008	春青稞	磷酸二铵	2008-05-25	拔节	追肥	75.00	12.00	15.00	—
2008	春青稞	尿素	2008-05-25	拔节	追肥	150.00	69.00	—	—

4.1.3.4　达孜县德庆乡调查点

表 4-29　达孜县德庆乡土壤生物长期采样地主要作物肥料投入情况

年份	作物名称	肥料名称	施用时间	作物生育时期	施用方式	施用量 (kg/hm²)	肥料折合纯氮量 (kg/hm²)	肥料折合纯磷量 (kg/hm²)	肥料折合纯钾量 (kg/hm²)
2005	冬小麦	羊粪	2004-09-23	播种前	撒施，基肥	3 750.00	29.33	5.78	27.75
2005	冬小麦	碳酸铵	2004-09-23	播种前	撒施，基肥	375.00	67.50	—	—
2005	冬小麦	尿素	2004-09-23	播种前	撒施，基肥	337.50	155.25	—	—
2005	冬小麦	尿素	2005-04-15	拔节	撒施，追肥	150.00	69.00	—	—
2006	冬小麦	羊粪	2005-10-05	播种前	撒施，基肥	4 800.00	37.54	7.39	35.52
2006	冬小麦	碳酸铵	2005-10-05	播种前	撒施，基肥	150.00	27.00	—	—
2007	冬小麦	羊粪	2006-10-02	播种	基肥	2 550.00	19.94	3.93	18.87
2007	冬小麦	尿素	2006-10-02	播种	基肥	60.00	27.60	—	—
2007	冬小麦	磷酸二铵	2007-04-09	拔节	追肥	150.00	24.00	30.00	—
2007	冬小麦	尿素	2007-04-09	拔节	追肥	60.00	27.60	—	—
2008	冬小麦	尿素	2007-10-08	播种	基肥	150.00	69.00	—	—

4.1.3.5　达孜县邦堆乡调查点

表 4-30　达孜县邦堆乡土壤生物长期采样地主要作物肥料投入情况

年份	作物名称	肥料名称	施用时间	作物生育时期	施用方式	施用量 (kg/hm²)	肥料折合纯氮量 (kg/hm²)	肥料折合纯磷量 (kg/hm²)	肥料折合纯钾量 (kg/hm²)
2005	马铃薯	碳酸铵	2005-03-10	播种前	撒施，基肥	450.00	81.00	—	—
2005	马铃薯	尿素	2005-03-10	播种前	撒施，基肥	240.00	110.40	—	—

（续）

年份	作物名称	肥料名称	施用时间	作物生育时期	施用方式	施用量（kg/hm²）	肥料折合纯氮量（kg/hm²）	肥料折合纯磷量（kg/hm²）	肥料折合纯钾量（kg/hm²）
2006	冬小麦	碳酸铵	2005-10-10	播种前	撒施，基肥	225.00	40.50	—	—
2007	冬小麦	尿素	2006-10-07	播种	基肥	120.00	55.20	—	—
2007	冬小麦	二氨	2007-04-05	拔节	追肥	75.00	13.50	—	—
2007	冬小麦	尿素	2007-04-05	拔节	追肥	120.00	55.20	—	—
2008	马铃薯	尿素	2008-03-15	播种	基肥	240.00	110.40	—	—
2008	马铃薯	磷酸二铵	2008-03-15	播种	基肥	150.00	24.00	30.00	—
2008	马铃薯	磷酸二铵	2008-06-12	开花	追肥	225.00	36.00	45.00	—

4.1.4 农田灌溉制度

4.1.4.1 综合观测场

表 4-31 综合观测场水土生联合长期观测采样地农田灌溉制度

年份	作物名称	灌溉时间	作物生育时期	灌溉水源	灌溉方式	灌溉量（mm）
2003	冬小麦	2003-10-17	播种后	拉萨河水	大田漫灌	96.0
2003	冬小麦	2003-12-04	越冬前	拉萨河水	大田漫灌	96.0
2004	冬小麦	2004-10-12	播种后	拉萨河水	畦灌	96.0
2004	冬小麦	2004-11-21	越冬前	拉萨河水	畦灌	96.0
2004	冬小麦	2004-03-22	返青	拉萨河水	大田漫灌	96.0
2004	冬小麦	2004-05-05	拔节	拉萨河水	大田漫灌	96.0
2004	冬小麦	2004-05-15	扬花	拉萨河水	大田漫灌	96.0
2004	冬小麦	2004-06-06	成熟前	拉萨河水	大田漫灌	96.0
2005	冬小麦	2005-03-10	返青	拉萨河水	畦灌	96.0
2005	冬小麦	2005-04-13	分蘖	拉萨河水	畦灌	96.0
2005	冬小麦	2005-05-07	拔节	拉萨河水	畦灌	96.0
2005	冬小麦	2005-05-29	挑旗	拉萨河水	畦灌	96.0
2005	冬小麦	2005-07-07	扬花	拉萨河水	畦灌	96.0
2006	春青稞	2006-04-30	播种后	拉萨河水	畦灌	96.0
2006	春青稞	2006-06-16	拔节	拉萨河水	畦灌	96.0
2006	春青稞	2006-07-18	扬花	拉萨河水	畦灌	96.0
2007	春青稞	2007-05-10	播种	拉萨河水	畦灌	96.0
2007	春青稞	2007-06-04	分蘖	拉萨河水	畦灌	96.0
2007	春青稞	2007-06-21	拔节	拉萨河水	畦灌	96.0
2007	春青稞	2007-07-10	抽穗	拉萨河水	畦灌	96.0
2008	油菜	2008-04-18	播种	拉萨河水	畦灌	96.0
2008	油菜	2008-05-31	蕾薹前期	拉萨河水	畦灌	96.0
2008	油菜	2008-06-15	花期	拉萨河水	畦灌	96.0

4.1.4.2 施肥试验辅助观测场

表 4-32 农田土壤要素辅助长期观测采样地（空白）灌溉制度

年份	作物名称	灌溉时间	作物生育时期	灌溉水源	灌溉方式	灌溉量（mm）
2006	春青稞	2006-04-30	播种后	拉萨河水	畦灌	96.0
2006	春青稞	2006-06-16	拔节	拉萨河水	畦灌	96.0
2006	春青稞	2006-07-18	扬花	拉萨河水	畦灌	96.0
2007	春青稞	2007-05-10	播种	拉萨河水	畦灌	96.0
2007	春青稞	2007-06-04	分蘖	拉萨河水	畦灌	96.0

（续）

年份	作物名称	灌溉时间	作物生育时期	灌溉水源	灌溉方式	灌溉量（mm）
2007	春青稞	2007-06-21	拔节	拉萨河水	畦灌	96.0
2007	春青稞	2007-07-10	抽穗	拉萨河水	畦灌	96.0
2008	油菜	2008-04-25	播种	拉萨河水	畦灌	96.0
2008	油菜	2008-05-31	蕾薹前期	拉萨河水	畦灌	96.0
2008	油菜	2008-06-15	花期	拉萨河水	畦灌	96.0

表 4-33　农田土壤要素辅助长期观测采样地（羊粪）灌溉制度

年份	作物名称	灌溉时间	作物生育时期	灌溉水源	灌溉方式	灌溉量（mm）
2006	春青稞	2006-04-30	播种后	拉萨河水	畦灌	96.0
2006	春青稞	2006-06-16	拔节	拉萨河水	畦灌	96.0
2006	春青稞	2006-07-18	扬花	拉萨河水	畦灌	96.0
2007	春青稞	2007-05-10	播种	拉萨河水	畦灌	96.0
2007	春青稞	2007-06-04	分蘖	拉萨河水	畦灌	96.0
2007	春青稞	2007-06-21	拔节	拉萨河水	畦灌	96.0
2007	春青稞	2007-07-10	抽穗	拉萨河水	畦灌	96.0
2008	油菜	2008-04-25	播种	拉萨河水	畦灌	96.0

表 4-34　农田土壤要素辅助长期观测采样地（化肥）灌溉制度

年份	作物名称	灌溉时间	作物生育时期	灌溉水源	灌溉方式	灌溉量（mm）
2007	春青稞	2007-05-10	播种	拉萨河水	畦灌	96.0
2007	春青稞	2007-06-04	分蘖	拉萨河水	畦灌	96.0
2007	春青稞	2007-06-21	拔节	拉萨河水	畦灌	96.0
2007	春青稞	2007-07-10	抽穗	拉萨河水	畦灌	96.0
2008	油菜	2008-05-31	蕾薹前期	拉萨河水	畦灌	96.0
2008	油菜	2008-06-15	花期	拉萨河水	畦灌	96.0
2008	油菜	2008-04-25	播种	拉萨河水	畦灌	96.0
2008	油菜	2008-05-31	蕾薹前期	拉萨河水	畦灌	96.0
2008	油菜	2008-06-15	花期	拉萨河水	畦灌	96.0

表 4-35　农田土壤要素辅助长期观测采样地（羊粪＋化肥）灌溉制度

年份	作物名称	灌溉时间	作物生育时期	灌溉水源	灌溉方式	灌溉量（mm）
2008	油菜	2008-04-25	播种	拉萨河水	畦灌	96.0
2008	油菜	2008-05-31	蕾薹前期	拉萨河水	畦灌	96.0
2008	油菜	2008-06-15	花期	拉萨河水	畦灌	96.0

4.1.4.3　轮作模式土壤生物长期观测采样地

表 4-36　轮作模式土壤生物长期观测采样地（西）灌溉制度

年份	作物名称	灌溉时间	作物生育时期	灌溉水源	灌溉方式	灌溉量（mm）
2007	春青稞	2007-04-14	播种	拉萨河水	畦灌	96.0
2007	春青稞	2007-05-18	分蘖	拉萨河水	畦灌	96.0
2007	春青稞	2007-06-06	拔节	拉萨河水	畦灌	96.0
2007	春青稞	2007-06-14	抽穗前	拉萨河水	畦灌	96.0
2007	春青稞	2007-07-01	抽穗	拉萨河水	畦灌	96.0
2008	玉米	2008-04-18	播种	拉萨河水	畦灌	96.0
2008	玉米	2008-06-10	拔节前	拉萨河水	畦灌	96.0
2008	玉米	2008-07-10	吐丝	拉萨河水	畦灌	96.0

表 4-37　轮作模式土壤生物长期观测采样地（中）灌溉制度

年份	作物名称	灌溉时间	作物生育时期	灌溉水源	灌溉方式	灌溉量（mm）
2007	玉米	2007-04-16	播种	拉萨河水	畦灌	96.0
2007	玉米	2007-05-18	拔节	拉萨河水	畦灌	96.0
2007	玉米	2007-06-06	抽雄前	拉萨河水	畦灌	96.0
2007	玉米	2007-06-29	吐丝前	拉萨河水	畦灌	96.0
2008	油菜	2008-04-18	播种	拉萨河水	畦灌	96.0
2008	油菜	2008-05-31	蕾薹前期	拉萨河水	畦灌	96.0
2008	油菜	2008-06-15	花期	拉萨河水	畦灌	96.0

表 4-38　轮作模式土壤生物长期观测采样地（东）灌溉制度

年份	作物名称	灌溉时间	作物生育时期	灌溉水源	灌溉方式	灌溉量（mm）
2007	油菜	2007-04-15	播种	拉萨河水	畦灌	96.0
2007	油菜	2007-05-18	出苗后	拉萨河水	畦灌	96.0
2007	油菜	2007-06-06	蕾薹前	拉萨河水	畦灌	96.0
2007	油菜	2007-06-29	花期	拉萨河水	畦灌	96.0
2008	春青稞	2008-04-19	播种	拉萨河水	畦灌	96.0
2008	春青稞	2008-05-25	拔节	拉萨河水	畦灌	96.0
2008	春青稞	2008-06-15	孕穗	拉萨河水	畦灌	96.0

4.1.4.4　达孜县德庆乡调查点

表 4-39　达孜县邦堆乡土壤生物长期采样地灌溉制度

年份	作物名称	灌溉时间	作物生育时期	灌溉水源	灌溉方式	灌溉量（mm）
2005	冬小麦	2005-04-10	分蘖	拉萨河水	畦灌	96.0
2005	冬小麦	2005-04-15	分蘖	拉萨河水	畦灌	96.0
2005	冬小麦	2005-05-27	挑旗	拉萨河水	畦灌	96.0
2005	冬小麦	2005-06-15	抽穗	拉萨河水	畦灌	96.0
2005	冬小麦	2005-07-16	乳熟	拉萨河水	畦灌	96.0
2006	冬小麦	2005-10-20	播种后	拉萨河水	漫灌	96.0
2006	冬小麦	2006-03-14	返青	拉萨河水	漫灌	96.0
2006	冬小麦	2006-04-25	起身	拉萨河水	漫灌	96.0
2006	冬小麦	2006-05-03	起身	拉萨河水	漫灌	96.0
2006	冬小麦	2006-06-12	抽穗	拉萨河水	漫灌	96.0
2006	冬小麦	2006-07-03	开花	拉萨河水	漫灌	96.0
2007	冬小麦	2006-10-02	播种	山涧河水	畦灌	96.0
2007	冬小麦	2007-03-19	返青	山涧河水	畦灌	96.0
2007	冬小麦	2007-03-24	起身	山涧河水	畦灌	96.0
2007	冬小麦	2007-04-20	拔节前	山涧河水	畦灌	96.0
2007	冬小麦	2007-05-09	拔节	山涧河水	畦灌	96.0
2007	冬小麦	2007-06-04	孕穗	山涧河水	畦灌	96.0
2008	冬小麦	2008-03-18	返青	拉萨河水	畦灌	96.0
2008	冬小麦	2008-04-07	返青	拉萨河水	畦灌	96.0
2008	冬小麦	2008-06-15	孕穗	拉萨河水	畦灌	96.0
2008	冬小麦	2008-06-25	灌浆	拉萨河水	畦灌	96.0

4.1.4.5　达孜县邦堆乡调查点

表 4-40　达孜县德庆乡土壤生物长期采样地灌溉制度

年份	作物名称	灌溉时间	作物生育时期	灌溉水源	灌溉方式	灌溉量（mm）
2005	马铃薯	2005-05-16		拉萨河水	畦灌	96.0
2005	马铃薯	2005-06-27		拉萨河水	畦灌	96.0
2006	冬小麦	2005-10-16	播种后	拉萨河水	漫灌	96.0

（续）

年份	作物名称	灌溉时间	作物生育时期	灌溉水源	灌溉方式	灌溉量（mm）
2006	冬小麦	2006-03-29	返青	拉萨河水	漫灌	96.0
2006	冬小麦	2006-04-05	起身	拉萨河水	漫灌	96.0
2006	冬小麦	2006-04-20	起身	拉萨河水	漫灌	96.0
2006	冬小麦	2006-05-03	起身	拉萨河水	漫灌	96.0
2006	冬小麦	2006-06-07	孕穗	拉萨河水	漫灌	96.0
2006	冬小麦	2006-07-01	开花	拉萨河水	漫灌	96.0
2007	冬小麦	2006-10-07	播种	拉萨河水	畦灌	96.0
2007	冬小麦	2007-03-02	返青	拉萨河水	畦灌	96.0
2007	冬小麦	2007-03-21	起身	拉萨河水	畦灌	96.0
2007	冬小麦	2007-04-09	拔节前	拉萨河水	畦灌	96.0
2007	冬小麦	2007-05-18	孕穗	拉萨河水	畦灌	96.0
2007	冬小麦	2007-06-19	抽穗	拉萨河水	畦灌	96.0
2008	马铃薯	2008-04-06	苗期	拉萨河水	畦灌	96.0
2008	马铃薯	2008-05-05	开花	拉萨河水	畦灌	96.0
2008	马铃薯	2008-05-20	开花	拉萨河水	畦灌	96.0

4.1.5 作物生育动态

4.1.5.1 小麦生育动态

表 4-41 综合观测场冬小麦生育动态

年份	作物品种	播种期	出苗期	三叶期	分蘖期	返青期	拔节期	抽穗期	蜡熟期	收获期
2004	BUSSYD	2003-10-16	2003-10-31	2003-11-18	2003-12-05	2004-03-18	2004-04-28	2004-06-14	2004-08-08	2004-09-06
2005	BUSSYD	2004-10-08	2004-10-26	2004-11-22	2004-12-02	2005-03-08	2005-04-26	2005-06-18	2005-07-25	2005-08-15

4.1.5.2 春青稞生育动态

表 4-42 综合观测场春青稞生育动态

年份	作物品种	播种期	出苗期	三叶期	分蘖期	拔节期	抽穗期	蜡熟期	收获期
2006	3086	2006-04-28	2006-05-08	2006-05-18	2006-05-24	2006-06-14	2006-07-02	2006-07-26	2006-08-12
2007	3086	2007-05-09	2007-05-16	2007-05-28	2007-06-09	2007-06-16	2007-07-10	2007-08-15	2007-08-28

表 4-43 轮作模式土壤生物长期观测采样地（西）春青稞生育动态

年份	作物品种	播种期	出苗期	三叶期	分蘖期	拔节期	抽穗期	蜡熟期	收获期
2007	3086	2007-04-14	2007-04-24	2007-05-07	2007-05-15	2007-05-25	2007-06-25	2007-07-31	2007-08-13

表 4-44 轮作模式土壤生物长期观测采样地（东）春青稞生育动态

年份	作物品种	播种期	出苗期	三叶期	分蘖期	拔节期	抽穗期	蜡熟期	收获期
2008	3086	2008-04-19	2008-04-27	2008-05-08	2008-05-12	2008-05-25	2008-06-20	2008-07-28	2008-08-15

4.1.5.3 玉米生育动态

表 4-45 轮作模式土壤生物长期观测采样地（西）玉米生育动态

年份	作物品种	播种期	出苗期	五叶期	拔节期	抽雄期	吐丝期	成熟期	收获期
2008	东农 248	2008-04-18	2008-04-27	2008-05-18	2008-06-20	2008-06-29	2008-07-10	2008-08-15	2008-09-15

表 4-46 轮作模式土壤生物长期观测采样地（中）玉米生育动态

年份	作物品种	播种期	出苗期	五叶期	拔节期	抽雄期	吐丝期	成熟期	收获期
2007	东农 248	2007-04-16	2007-04-29	2007-05-05	2007-05-15	2007-06-20	2007-07-03	2007-08-10	2007-09-03

4.1.5.4 油菜生育动态

表 4-47 综合观测场油菜生育动态

年份	作物品种	播种期	出苗期	蕾薹期	花期	成熟期	收获期
2008	中试品系	2008-04-18	2008-04-29	2008-06-18	2008-06-29	2008-09-13	2008-09-18

表 4-48 轮作模式土壤生物长期观测采样地（中）油菜生育动态

年份	作物品种	播种期	出苗期	蕾薹期	花期	成熟期	收获期
2008	中试品系	2008-04-20	2008-04-27	2008-06-18	2008-06-29	2008-09-13	2008-09-18

表 4-49 轮作模式土壤生物长期观测采样地（东）油菜生育动态

年份	作物品种	播种期	出苗期	蕾薹期	花期	成熟期	收获期
2007	中试品系	2007-04-15	2007-04-24	2007-06-15	2007-06-28	2007-08-27	2007-09-08

4.1.6 作物叶面积与生物量动态

4.1.6.1 冬小麦叶面积与生物量动态

表 4-50 综合观测场冬小麦叶面积与生物量动态

年份	月	作物品种	作物生育时期	密度（株或穴/m^2）	群体高度（cm）	叶面积指数	调查株（穴）数	每株（穴）分蘖茎数	地上部总鲜重（g/m^2）	茎干重（g/m^2）	叶干重（g/m^2）	地上部总干重（g/m^2）
2003	12	BUSSYD	越冬开始	396	6.4	0.10	20	0.7	43.50	0.00	17.60	17.60
2004	3	BUSSYD	返青	887	—	0.30	20	4.4	151.70	0.00	35.30	35.30
2004	5	BUSSYD	拔节	1 240	24.0	2.70	20	—	1 205.30	30.70	249.10	279.80
2004	6	BUSSYD	抽穗	737	—	4.20	20	—	5 103.40	709.50	465.90	1 346.90
2004	7	BUSSYD	乳熟	818	105.0	0.70	20	—	5 475.30	919.00	384.80	2 329.10
2004	8	BUSSYD	成熟	788	—	—	—	—	4 806.80	863.20	269.50	2 347.00
2004	11	BUSSYD	三叶	463	—	0.2	20	—	44.00	0.00	9.90	9.90
2004	12	BUSSYD	越冬前	417	7.0	0.1	20	1.3	51.10	0.00	14.30	14.30
2005	3	BUSSYD	返青	468	—	0.3	20	2.3	177.80	0.00	50.80	50.80
2005	5	BUSSYD	拔节	1 570	31.0	7.6	20	—	2 924.10	0.00	126.40	141.30
2005	6	BUSSYD	抽穗	824	—	5.8	20	—	6 647.20	954.10	636.00	1 828.60
2005	7	BUSSYD	蜡熟	763	110.0	1.8	20	—	3 219.50	1 397.30	465.80	2 173.60
2005	8	BUSSYD	成熟	697	—	—	20	—	4 090.00	766.30	418.00	2 438.30

4.1.6.2 春青稞叶面积与生物量动态

表 4-51 综合观测场春青稞叶面积与生物量动态

年份	月	作物品种	作物生育时期	密度（株或穴/m^2）	群体高度（cm）	叶面积指数	调查株（穴）数	每株（穴）分蘖茎数	地上部总鲜重（g/m^2）	茎干重（g/m^2）	叶干重（g/m^2）	地上部总干重（g/m^2）
2006	5	3086	三叶期	271.3	10.9	0.50	80	1.5	163.79	0.00	18.37	18.37
2006	5	3086	分蘖期	270.5	19.3	1.86	80	2.7	742.42	26.02	66.65	92.67
2006	6	3086	拔节期	766.3	53.3	6.45	80	—	3 019.01	223.55	140.30	363.85
2006	7	3086	抽穗期	387.3	91.2	4.32	80	—	2 929.39	492.23	149.44	641.67
2007	5	3086	三叶期	336.3	14.4	0.56	80	1.0	179.39	0.00	20.37	20.37
2007	6	3086	分蘖期	316.5	25.8	1.99	80	2.4	811.92	29.37	74.06	103.43
2007	6	3086	拔节期	660.8	36.0	7.98	80	—	2 270.41	129.85	193.17	323.02
2007	7	3086	抽穗期	454.6	80.0	6.80	40	—	4 584.44	438.67	220.47	825.06

表 4-52　施肥试验辅助观测场农田土壤要素辅助长期观测采样地（空白）叶面积与生物量动态

年份	月	作物品种	作物生育时期	密度（株或穴/m^2）	群体高度（cm）	叶面积指数	调查株（穴）数	每株（穴）分蘖茎数	地上部总鲜重（g/m^2）	茎干重（g/m^2）	叶干重（g/m^2）	地上部总干重（g/m^2）
2007	6	3086	分蘖	316.5	9.7	0.9	40	—	235.24	22.43	33.89	56.32
2007	7	3086	抽穗	309.0	—	0.6	40	—	252.57	37.07	16.22	53.29

表 4-53　施肥试验辅助观测场农田土壤要素辅助长期观测采样地（羊粪）叶面积与生物量动态

年份	月	作物品种	作物生育时期	密度（株或穴/m^2）	群体高度（cm）	叶面积指数	调查株（穴）数	每株（穴）分蘖茎数	地上部总鲜重（g/m^2）	茎干重（g/m^2）	叶干重（g/m^2）	地上部总干重（g/m^2）
2007	6	3086	分蘖末期	363.5	14.2	0.8	40	—	262.04	21.90	36.07	57.97
2007	7	3086	抽穗	429.3	—	0.7	40	—	497.99	77.27	18.25	116.98

表 4-54　施肥试验辅助观测场农田土壤要素辅助长期观测采样地（化肥）叶面积与生物量动态

年份	月	作物品种	作物生育时期	密度（株或穴/m^2）	群体高度（cm）	叶面积指数	调查株（穴）数	每株（穴）分蘖茎数	地上部总鲜重（g/m^2）	茎干重（g/m^2）	叶干重（g/m^2）	地上部总干重（g/m^2）
2007	6	3086	拔节	618.5	36.0	4.8	40	1	1 905.49	184.28	182.08	366.35
2007	7	3086	抽穗	443.5	—	3.7	40	—	2 315.17	299.38	194.04	610.95

4.1.6.3　油菜叶面积与生物量动态

表 4-55　综合观测场油菜叶面积与生物量动态

年份	月	作物品种	作物生育时期	密度（株或穴/m^2）	群体高度（cm）	叶面积指数	调查株（穴）数	每株（穴）分蘖茎数	地上部总鲜重（g/m^2）	茎干重（g/m^2）	叶干重（g/m^2）	地上部总干重（g/m^2）
2008	5	中试品系	苗期	19.4	10.0	0.2	40	—	97.2	1.0	11.1	12.1
2008	6	中试品系	蕾薹	29.7	74.8	2.9	60	—	2 621.5	96.2	144.9	241.1
2008	7	中试品系	花期	21.5	160.8	6.6	129	—	3 965.0	444.0	264.8	708.8

4.1.7　耕作层作物根生物量

4.1.7.1　综合观测场

表 4-56　综合观测场水土生联合长期观测采样地耕作层作物根生物量

年份	月	作物名称	作物品种	作物生育时期	样方面积（cm×cm）	耕作层深度（cm）	根干重（g/m^2）	约占总根干重比例（%）
2004	9	冬小麦	BUSSYD	收获	50×50	30	959.36	79.0
2005	9	冬小麦	BUSSYD	收获后	25×25	20	274.56	87.4
2006	7	春青稞	3086	抽穗	25×25	20	216.25	85.7
2006	8	春青稞	3086	成熟	25×25	20	168.21	68.5
2007	7	春青稞	3086	抽穗	25×25	20	177.60	—
2007	8	春青稞	3086	成熟	25×25	20	65.87	71.1
2008	7	油菜	中试品系	花期	25×25	20	168.56	93.7
2008	9	油菜	中试品系	收获	25×25	20	125.76	87.5

4.1.7.2 施肥试验辅助观测场

表 4-57 施肥试验辅助观测场农田土壤要素辅助长期观测采样地（空白）耕作层作物根生物量

年份	月	作物名称	作物品种	作物生育时期	样方面积（cm×cm）	耕作层深度（cm）	根干重（g/m^2）	约占总根干重比例（%）
2007	7	春青稞	3086	抽穗	25×25	20	172.00	—

表 4-58 施肥试验辅助观测场农田土壤要素辅助长期观测采样地（羊粪）耕作层作物根生物量

年份	月	作物名称	作物品种	作物生育时期	样方面积（cm×cm）	耕作层深度（cm）	根干重（g/m^2）	约占总根干重比例（%）
2007	7	春青稞	3086	抽穗	25×25	20	172.00	—

表 4-59 施肥试验辅助观测场农田土壤要素辅助长期观测采样地（化肥）耕作层作物根生物量

年份	月	作物名称	作物品种	作物生育时期	样方面积（cm×cm）	耕作层深度（cm）	根干重（g/m^2）	约占总根干重比例（%）
2007	7	春青稞	3086	抽穗	25×25	20	210.40	—

4.1.8 作物根系分布

综合观测场

表 4-60 综合观测场水土生联合长期观测采样地作物根系分布

年份	月	作物名称	作物品种	作物生育时期	0～10cm 根干重（g/m^2）	10～20cm 根干重（g/m^2）	20～30cm 根干重（g/m^2）	30～40cm 根干重（g/m^2）	40～60cm 根干重（g/m^2）
2004	9	冬小麦	BUSSYD	收获	603.53	228.69	164.14	77.75	85.65
2005	6	冬小麦	BUSSYD	抽穗	283.84	41.12	20.64	15.84	8.64
2006	8	春青稞	3086	成熟	125.25	42.96	39.28	23.41	13.68
2007	8	春青稞	3086	成熟	40.64	23.04	12.80	8.32	5.76
2008	7	油菜	中试品系	花期	152.24	6.83	5.31	2.43	1.76
2008	9	油菜	中试品系	收获	103.31	8.48	6.93	5.76	1.28

4.1.9 作物收获期植株性状

4.1.9.1 冬小麦收获期植株性状

表 4-61 综合观测场水土生联合长期观测采样地冬小麦收获期植株性状

年份	作物名称	作物品种	调查株数	株高（cm）	单株总茎数	单株总穗数	每穗小穗数	每穗结实小穗数	每穗粒数	千粒重（g）	地上部总干重（g/株）	籽粒干重（g/株）
2004	冬小麦	BUSSDY	60	105.2	—	—	—	—	36.3	31.78	2.98	0.98
2005	冬小麦	BUSSDY	120	114.5	1.0	—	19.8	15.6	28.7	35.47	2.51	0.86

表 4-62 施肥实验辅助观测场农田土壤要素辅助长期观测采样地（空白）冬小麦收获期植株性状

年份	作物名称	作物品种	调查株数	株高（cm）	单株总茎数	单株总穗数	每穗小穗数	每穗结实小穗数	每穗粒数	千粒重（g）	地上部总干重（g/株）	籽粒干重（g/株）
2005	冬小麦	BUSSDY	60	109.0	1.0	0.0	20.8	16.4	31.4	37.70	2.82	0.98

表 4-63 施肥实验辅助观测场农田土壤要素辅助长期观测采样地（羊粪）冬小麦收获期植株性状

年份	作物名称	作物品种	调查株数	株高（cm）	单株总茎数	单株总穗数	每穗小穗数	每穗结实小穗数	每穗粒数	千粒重（g）	地上部总干重（g/株）	籽粒干重（g/株）
2005	冬小麦	BUSSDY	60	105.8	1.0	0.0	20.9	16.9	34.7	38.33	2.72	1.00

表 4-64 达孜县德庆乡土壤生物长期采样地冬小麦收获期植株性状

年份	作物名称	作物品种	调查株数	株高（cm）	单株总茎数	单株总穗数	每穗小穗数	每穗结实小穗数	每穗粒数	千粒重（g）	地上部总干重（g/株）	籽粒干重（g/株）
2006	冬小麦	肥麦	120	90.8	1	1.0	20.7	16.8	33.4	40.5	2.7	1.37
2007	冬小麦	肥麦	120	68.1	1	1.0	16.0	12.4	36.9	37.0	2.3	1.22
2008	冬小麦	肥麦	120	74.2	1	1.0	19.3	17.1	46.2	36.9	3.6	1.74

表 4-65 达孜县邦堆乡土壤生物长期采样地冬小麦收获期植株性状

年份	作物名称	作物品种	调查株数	株高（cm）	单株总茎数	单株总穗数	每穗小穗数	每穗结实小穗数	每穗粒数	千粒重（g）	地上部总干重（g/株）	籽粒干重（g/株）
2006	冬小麦	肥麦	120	90.8	1	1.0	20.7	16.8	33.4	40.5	2.7	1.37
2007	冬小麦	肥麦	120	68.1	1	1.0	16.0	12.4	36.9	37.0	2.3	1.22
2008	冬小麦	肥麦	120	74.2	1	1.0	19.3	17.1	46.2	36.9	3.6	1.74

4.1.9.2 春青稞收获期植株性状

表 4-66 综合观测场水土生联合长期观测采样地春青稞收获期植株性状

年份	作物名称	作物品种	调查株数	株高（cm）	单株总茎数	单株总穗数	每穗小穗数	每穗结实小穗数	每穗粒数	千粒重（g）	地上部总干重（g/株）	籽粒干重（g/株）
2006	春青稞	3086	120	98.8	1.0	1.0	15.7	13.4	34.0	40.47	2.82	1.42
2007	春青稞	3086	120	77.4	1.0	1.0	8.5	6.7	20.1	38.92	2.54	1.45

表 4-67 施肥实验辅助观测场农田土壤要素辅助长期观测采样地（空白）春青稞收获期植株性状

年份	作物名称	作物品种	调查株数	株高（cm）	单株总茎数	单株总穗数	每穗小穗数	每穗结实小穗数	每穗粒数	千粒重（g）	地上部总干重（g/株）	籽粒干重（g/株）
2006	春青稞	3086	60	83.4	1.0	1.0	15.6	13.5	30.4	40.60	2.23	1.18
2007	春青稞	3092	60	24.4	1.0	1.0	2.7	2.0	6.1	29.19	0.47	0.25

表 4-68 施肥实验辅助观测场农田土壤要素辅助长期观测采样地（羊粪）春青稞收获期植株性状

年份	作物名称	作物品种	调查株数	株高（cm）	单株总茎数	单株总穗数	每穗小穗数	每穗结实小穗数	每穗粒数	千粒重（g）	地上部总干重（g/株）	籽粒干重（g/株）
2006	春青稞	3086	60	76.9	1.0	1.0	13.1	10.5	24.1	41.05	1.82	0.99
2007	春青稞	3086	60	38.1	1.0	1.0	4.9	3.9	11.7	33.94	1.00	0.58

表 4-69 施肥实验辅助观测场农田土壤要素辅助长期观测采样地（化肥）春青稞收获期植株性状

年份	作物名称	作物品种	调查株数	株高（cm）	单株总茎数	单株总穗数	每穗小穗数	每穗结实小穗数	每穗粒数	千粒重（g）	地上部总干重（g/株）	籽粒干重（g/株）
2007	春青稞	3100	60	68.5	1.0	1.0	7.5	6.4	19.2	41.42	2.49	1.47

表 4-70 轮作模式土壤生物长期观测采样地（东）作物收获期植株性状

年份	作物名称	作物品种	调查株数	株高 (cm)	单株总茎数	单株总穗数	每穗小穗数	每穗结实小穗数	每穗粒数	千粒重 (g)	地上部总干重 (g/株)	籽粒干重 (g/株)
2008	春青稞	3091	120	89.8	1	1.0	18.3	16.8	34.9	43.4	3.2	1.56

4.1.9.3 油菜收获期植株性状

表 4-71 综合观测场水土生联合长期观测采样地油菜收获期植株性状

年份	作物品种	调查株数	株高 (cm)	角果平均长 (cm)	千粒重 (g)	地上部总干重 (g/株)	籽粒干重 (g/株)
2008	中试品系	88	165.2	7.0	4.55	45.40	11.63

表 4-72 施肥试验辅助观测场农田土壤要素辅助长期观测采样地（空白）油菜收获期植株性状

年份	作物品种	调查株数	株高 (cm)	角果平均长 (cm)	千粒重 (g)	地上部总干重 (g/株)	籽粒干重 (g/株)
2008	中试品系	58	97.7	7.3	4.06	6.36	1.26

表 4-73 施肥试验辅助观测场农田土壤要素辅助长期观测采样地（羊粪）油菜收获期植株性状

年份	作物品种	调查株数	株高 (cm)	角果平均长 (cm)	千粒重 (g)	地上部总干重 (g/株)	籽粒干重 (g/株)
2008	中试品系	48	93.7	6.7	4.02	9.50	0.83

表 4-74 施肥试验辅助观测场农田土壤要素辅助长期观测采样地（化肥）油菜收获期植株性状

年份	作物品种	调查株数	株高 (cm)	角果平均长 (cm)	千粒重 (g)	地上部总干重 (g/株)	籽粒干重 (g/株)
2008	中试品系	36	145.3	6.7	4.42	54.70	15.33

表 4-75 施肥试验辅助观测场农田土壤要素辅助长期观测采样地（羊粪+化肥）油菜收获期植株性状

年份	作物品种	调查株数	株高 (cm)	角果平均长 (cm)	千粒重 (g)	地上部总干重 (g/株)	籽粒干重 (g/株)
2008	中试品系	54.0	164.3	7.5	4.30	42.16	12.07

表 4-76 轮作模式土壤生物长期观测采样地（中）油菜收获期植株性状

年份	作物品种	调查株数	株高 (cm)	角果平均长 (cm)	千粒重 (g)	地上部总干重 (g/株)	籽粒干重 (g/株)
2008	中试品系	84.0	164.0	8.1	4.07	44.19	10.84

表 4-77 轮作模式土壤生物长期观测采样地（东）油菜收获期植株性状

年份	作物品种	调查株数	株高 (cm)	角果平均长 (cm)	千粒重 (g)	地上部总干重 (g/株)	籽粒干重 (g/株)
2007	中试品系	251.0	147.2	7.1	3.75	20.25	5.26

4.1.9.4 马铃薯收获期植株性状

表 4-78　达孜县邦堆乡土壤生物长期采样地马铃薯收获期植株性状

年份	作物品种	调查株数	地上部总鲜重（g/穴）	土豆鲜重（g/穴）
2008	新品种	9 穴	496.3	1 183.0
2008	藏土豆	9 穴	353.9	457.7
2008	阿玛岗土豆	9 穴	142.2	880.4

4.1.10 作物收获期测产

4.1.10.1 综合观测场

表 4-79　综合观测场水土生联合长期观测采样地作物收获期测产

年份	作物名称	作物品种	群体株高 (cm)	密度 (株或穴/m²)	穗数 (穗/m²)	地上部总干重 (g/m²)	产量 (g/m²)
2006	春青稞	3086	98.8	311	271	669.18	285.18
2007	春青稞	3086	77.4	338	325	737.47	340.47
2008	油菜	中试品系	165.2	15	—	628.57	160.84

4.1.10.2 施肥试验辅助观测场

表 4-80　农田土壤要素辅助长期观测采样地（空白）作物收获期测产

年份	作物名称	作物品种	群体株高 (cm)	密度 (株或穴/m²)	穗数 (穗/m²)	地上部总干重 (g/m²)	产量 (g/m²)
2006	春青稞	3086	83.4	258	231	531.61	240.61
2007	春青稞	3086	24.4	185	176	140.68	31.85
2008	油菜	中试品系	97.7	19	—	121.28	24.12

表 4-81　农田土壤要素辅助长期观测采样地（羊粪）作物收获期测产

年份	作物名称	作物品种	群体株高 (cm)	密度 (株或穴/m²)	穗数 (穗/m²)	地上部总干重 (g/m²)	产量 (g/m²)
2006	春青稞	3086	76.9	292	265	534.12	261.99
2007	春青稞	3086	38.1	232	224	149.99	76.99
2008	油菜	中试品系	93.7	16	—	152.04	13.23

表 4-82　农田土壤要素辅助长期观测采样地（化肥）作物收获期测产

年份	作物名称	作物品种	群体株高 (cm)	密度 (株或穴/m²)	穗数 (穗/m²)	地上部总干重 (g/m²)	产量 (g/m²)
2007	春青稞	3086	68.5	269	263	594.94	303.94
2008	油菜	中试品系	145.3	12	—	653.38	183.44

表 4-83　农田土壤要素辅助长期观测采样地（羊粪+化肥）作物收获期测产

年份	作物名称	作物品种	群体株高 (cm)	密度 (株或穴/m²)	穗数 (穗/m²)	地上部总干重 (g/m²)	产量 (g/m²)
2008	油菜	中试品系	164.3	18	—	748.32	216.15

4.1.10.3 轮作模式土壤生物长期观测采样地

表 4-84　轮作模式土壤生物长期观测采样地（中）作物收获期测产

年份	作物名称	作物品种	群体株高 (cm)	密度 (株或穴/m²)	穗数 (穗/m²)	地上部总干重 (g/m²)	产量 (g/m²)
2008	油菜	中试品系	164.0	14	—	593.49	148.25

表 4-85 轮作模式土壤生物长期观测采样地（东）作物收获期测产

年份	作物名称	作物品种	群体株高 (cm)	密度 (株或穴/m^2)	穗数 (穗/m^2)	地上部总干重 (g/m^2)	产量 (g/m^2)
2007	油菜	—	147.2	21	—	822.25	213.57
2008	春青稞	3086	89.8	286	274	683.99	247.67

4.1.10.4 达孜县德庆乡调查点

表 4-86 达孜县德庆乡土壤生物长期采样地作物收获期测产

年份	作物名称	作物品种	群体株高 (cm)	密度 (株或穴/m^2)	穗数 (穗/m^2)	地上部总干重 (g/m^2)	产量 (g/m^2)
2006	冬小麦	肥麦	90.8	461	430	0.00	417.55
2007	冬小麦	肥麦	68.1	393	368	1 058.83	331.75
2008	冬小麦	肥麦	74.2	393	383	794.31	326.72

4.1.10.5 达孜县邦堆乡调查点

表 4-87 达孜县邦堆乡土壤生物长期采样地作物收获期测产

年份	作物名称	作物品种	群体株高 (cm)	密度 (株或穴/m^2)	穗数 (穗/m^2)	地上部总干重 (g/m^2)	产量 (g/m^2)
2006	冬小麦	肥麦	82.3	507	480	—	324.33
2007	冬小麦	肥麦	76.1	403	376	625.26	276.59
2008	马铃薯	新品种	93.3	3 穴	32 个	236.00	3 549.00
2008	马铃薯	藏土豆	83.3	3 穴	26 个	153.33	1 373.00
2008	马铃薯	艾玛岗土豆	58.0	3 穴	50 个	93.67	2 641.33

4.1.11 农田作物矿质元素含量与能值

4.1.11.1 综合观测场

表 4-88 综合观测场水土生联合长期观测采样地作物矿质元素含量与能值

年份	作物名称	作物品种	采样部位	全碳 (g/kg)	全氮 (g/kg)	全磷 (g/kg)	全钾 (g/kg)	干重热值 (MJ/kg)	灰分 (%)
2005	冬小麦	BUSSDY	秸秆	—	—	—	—	18.42	5.3
2005	冬小麦	BUSSDY	根	—	—	—	—	17.08	14.8
2005	冬小麦	BUSSDY	种子	—	—	—	—	17.90	1.6
2007	春青稞	3086	茎秆	418.33	1.88	1.52	10.43	—	—
2007	春青稞	3086	根	358.33	8.78	1.97	7.15	—	—
2007	春青稞	3086	籽粒	421.67	14.68	3.87	5.08	—	—

4.1.11.2 施肥试验辅助观测场

表 4-89 农田土壤要素辅助长期观测采样地（空白）作物矿质元素含量与能值

年份	作物名称	作物品种	采样部位	干重热值（MJ/kg）	灰分（%）
2005	冬小麦	BUSSDY	秸秆	17.99	5.9
2005	冬小麦	BUSSDY	根	17.43	13.1
2005	冬小麦	BUSSDY	种子	17.68	1.4

表 4-90 农田土壤要素辅助长期观测采样地（羊粪）作物矿质元素含量与能值

年份	作物名称	作物品种	采样部位	干重热值（MJ/kg）	灰分（%）
2005	冬小麦	BUSSDY	秸秆	18.38	7.3
2005	冬小麦	BUSSDY	根	18.22	8.2
2005	冬小麦	BUSSDY	种子	18.00	1.4

4.1.11.3　轮作模式土壤生物长期观测采样地

表 4-91　轮作模式土壤生物长期观测采样地（东）作物矿质元素含量与能值

年份	作物名称	作物品种	采样部位	全碳 (g/kg)	全氮 (g/kg)	全磷 (g/kg)	全钾 (g/kg)
2007	油菜	中试品系	茎秆	430.00	3.30	1.13	3.68
2007	油菜	中试品系	根	401.67	4.97	2.10	7.97
2007	油菜	中试品系	籽粒	623.33	26.93	8.13	7.77

4.1.11.4　达孜县德庆乡站区调查点

表 4-92　达孜县德庆乡土壤生物长期采样地作物矿质元素含量与能值

年份	作物名称	作物品种	采样部位	全碳 (g/kg)	全氮 (g/kg)	全磷 (g/kg)	全钾 (g/kg)	干重热值 (MJ/kg)	灰分 (%)
2005	冬小麦	肥麦	秸秆	0.00	0.00	0.00	0.00	18.09	5.9
2005	冬小麦	肥麦	根	0.00	0.00	0.00	0.00	14.26	27.2
2005	冬小麦	肥麦	种子	0.00	0.00	0.00	0.00	17.83	1.5
2007	冬小麦	肥麦	茎秆	440.00	4.73	0.85	6.23	0.00	0.0
2007	冬小麦	肥麦	根	338.33	5.95	1.13	5.55	0.00	0.0
2007	冬小麦	肥麦	籽粒	453.33	22.12	3.30	3.38	0.00	0.0

4.1.11.5　达孜县邦堆乡站区调查点

表 4-93　达孜县邦堆乡土壤生物长期采样地作物矿质元素含量与能值

年份	作物名称	作物品种	采样部位	全碳 (g/kg)	全氮 (g/kg)	全磷 (g/kg)	全钾 (g/kg)
2007	冬小麦	肥麦	茎秆	411.67	3.03	0.62	7.65
2007	冬小麦	肥麦	根	261.67	3.83	1.03	9.83
2007	冬小麦	肥麦	籽粒	405.00	15.15	3.67	3.90

4.2　土壤监测数据

4.2.1　土壤交换量

4.2.1.1　综合观测场

表 4-94　综合观测场水土生联合长期观测采样地土壤交换量

土壤类型：潮土　母质：冲积物、洪积物

年份	作物	采样深度 (cm)	交换性钾离子 [mmol/kg (K^+)]	交换性钠离子 [mmol/kg (Na^+)]	阳离子交换量 [mmol/kg (+)]
2005	冬小麦	0～20	2.1	0.8	69.5

4.2.1.2　施肥试验辅助观测场

表 4-95　农田土壤要素辅助长期观测采样地（空白）土壤交换量

土壤类型：潮土　母质：冲积物、洪积物

年份	作物	采样深度 (cm)	交换性钾离子 [mmol/kg (K^+)]	交换性钠离子 [mmol/kg (Na^+)]	阳离子交换量 [mmol/kg (+)]
2005	冬小麦	0～20	1.8	0.7	74.6

表 4-96　农田土壤要素辅助长期观测采样地（羊粪）土壤交换量

土壤类型：潮土　母质：冲积物、洪积物

年份	作物	采样深度 (cm)	交换性钾离子 [mmol/kg (K^+)]	交换性钠离子 [mmol/kg (Na^+)]	阳离子交换量 [mmol/kg (+)]
2005	冬小麦	0～20	2.7	0.7	73.3

4.2.1.3 达孜县德庆乡站区调查点

表 4-97 达孜县德庆乡土壤生物长期采样地土壤交换量

土壤类型：潮土　母质：冲积物、洪积物

年份	作物	采样深度 (cm)	交换性钾离子 [mmol/kg (K^+)]	交换性钠离子 [mmol/kg (Na^+)]	阳离子交换量 [mmol/kg (+)]
2005	冬小麦	0～20	2.0	1.2	122.8

4.2.1.4 达孜县邦堆乡站区调查点

表 4-98 达孜县邦堆乡土壤生物长期采样地土壤交换量

土壤类型：潮土　母质：冲积物、洪积物

年份	作物	采样深度 (cm)	交换性钾离子 [mmol/kg (K^+)]	交换性钠离子 [mmol/kg (Na^+)]	阳离子交换量 [mmol/kg (+)]
2005	马铃薯	0～20	1.8	2.2	85.9

4.2.2 土壤养分

4.2.2.1 综合观测场

表 4-99 综合观测场水土生联合长期观测采样地土壤养分

土壤类型：潮土　母质：冲积物、洪积物

年份	作物	采样深度 (cm)	土壤有机质 (g/kg)	全氮 (g/kg)	全磷 (g/kg)	全钾 (g/kg)	速效氮 (mg/kg)	有效磷 (mg/kg)	速效钾 (mg/kg)	缓效钾 (mg/kg)	水溶液提 pH
2004	冬小麦	0～10	—	—	—	—	118.00	35.67	38.56	—	—
2004	冬小麦	10～20	—	—	—	—	109.22	34.31	34.50	—	—
2005	冬小麦	0～10	16.60	1.16	0.79	26.30	—	—	—	—	—
2005	冬小麦	10～20	14.80	1.07	0.78	26.23	—	—	—	—	—
2005	冬小麦	20～40	10.10	0.74	0.64	23.97	—	—	—	—	—
2005	冬小麦	40～60	7.15	0.55	0.77	24.77	—	—	—	—	—
2005	冬小麦	0～20	—	—	—	—	84.17	44.25	52.67	697.50	6.81
2006	春青稞	0～20	—	—	—	—	80.17	54.05	61.50	—	—
2007	春青稞	0～20	20.27	1.22	—	—	93.83	62.73	38.17	690.50	6.76

4.2.2.2 施肥试验辅助观测场

表 4-100 农田土壤要素辅助长期观测采样地（空白）土壤养分

年份	作物	采样深度 (cm)	土壤有机质 (g/kg)	全氮 (g/kg)	全磷 (g/kg)	全钾 (g/kg)	速效氮 (mg/kg)	有效磷 (mg/kg)	速效钾 (mg/kg)	缓效钾 (mg/kg)	水溶液提 pH
2005	冬小麦	0～20	—	—	—	—	88.00	43.73	45.67	693.67	6.89
2006	春青稞	0～20	—	—	—	—	83.33	62.67	50.00	—	—
2007	春青稞	0～20	17.03	0.99	—	—	83.33	65.40	28.33	656.33	6.69

表 4-101 农田土壤要素辅助长期观测采样地（羊粪）土壤养分

年份	作物	采样深度 (cm)	土壤有机质 (g/kg)	全氮 (g/kg)	全磷 (g/kg)	全钾 (g/kg)	速效氮 (mg/kg)	有效磷 (mg/kg)	速效钾 (mg/kg)	缓效钾 (mg/kg)	水溶液提 pH
2005	冬小麦	0～20	—	—	—	—	91.33	43.77	81.00	741.33	6.92
2006	春青稞	0～20	—	—	—	—	72.67	80.60	77.00	—	—
2007	春青稞	0～20	—	1.13	—	—	100.00	55.43	70.00	693.33	7.22

表 4-102 农田土壤要素辅助长期观测采样地（化肥）土壤养分

年份	作物	采样深度 (cm)	土壤有机质 (g/kg)	全氮 (g/kg)	全磷 (g/kg)	全钾 (g/kg)	速效氮 (mg/kg)	有效磷 (mg/kg)	速效钾 (mg/kg)	缓效钾 (mg/kg)	水溶液提 pH
2007	春青稞	0～20	20.33	1.12	—	—	99.33	61.20	77.67	636.33	7.35

4.2.2.3 轮作模式土壤生物长期采样地

表 4-103 轮作模式土壤生物长期采样地（西）土壤养分

年份	作物	采样深度 (cm)	土壤有机质 (g/kg)	全氮 (g/kg)	全磷 (g/kg)	全钾 (g/kg)	速效氮 (mg/kg)	有效磷 (mg/kg)	速效钾 (mg/kg)	缓效钾 (mg/kg)	水溶液提 pH
2007	春青稞	0～20	23.57	1.39	—	—	115.00	59.67	30.67	613.33	6.35

表 4-104 轮作模式土壤生物长期采样地（中）土壤养分

年份	作物	采样深度 (cm)	土壤有机质 (g/kg)	全氮 (g/kg)	全磷 (g/kg)	全钾 (g/kg)	速效氮 (mg/kg)	有效磷 (mg/kg)	速效钾 (mg/kg)	缓效钾 (mg/kg)	水溶液提 pH
2007	玉米	0～20	21.60	1.23	—	—	106.00	63.60	43.67	635.50	6.82

表 4-105 轮作模式土壤生物长期采样地（东）土壤养分

年份	作物	采样深度 (cm)	土壤有机质 (g/kg)	全氮 (g/kg)	全磷 (g/kg)	全钾 (g/kg)	速效氮 (mg/kg)	有效磷 (mg/kg)	速效钾 (mg/kg)	缓效钾 (mg/kg)	水溶液提 pH
2007	油菜	0～20	21.38	1.16	—	—	98.17	55.90	24.00	625.33	6.56

4.2.2.4 达孜县德庆乡调查点

表 4-106 达孜县德庆乡土壤生物长期采样地土壤养分

年份	作物	采样深度 (cm)	土壤有机质 (g/kg)	全氮 (g/kg)	全磷 (g/kg)	全钾 (g/kg)	速效氮 (mg/kg)	有效磷 (mg/kg)	速效钾 (mg/kg)	缓效钾 (mg/kg)	水溶液提 pH
2004	冬小麦	0～10	—	—	—	—	155.30	8.30	60.19	—	—
2004	冬小麦	10～20	—	—	—	—	149.10	11.94	50.75	—	—
2005	冬小麦	0～20	—	—	—	—	121.83	12.30	57.83	961.33	7.33
2005	冬小麦	0～10	21.60	1.60	0.73	24.07	—	—	—	—	—
2005	冬小麦	10～20	20.33	1.49	0.90	24.23	—	—	—	—	—
2005	冬小麦	20～40	14.23	1.13	0.48	25.00	—	—	—	—	—
2005	冬小麦	40～60	9.31	0.72	3.93	24.57	—	—	—	—	—
2006	冬小麦	0～20	—	—	—	—	128.17	11.53	58.17	0.00	0.00
2007	冬小麦	0～20	29.53	1.66	—	—	138.83	21.32	44.17	729.67	6.77

4.2.2.5 达孜县邦堆乡调查点

表 4-107 达孜县邦堆乡土壤生物长期采样地土壤养分

年份	作物	采样深度 (cm)	土壤有机质 (g/kg)	全氮 (g/kg)	全磷 (g/kg)	全钾 (g/kg)	速效氮 (mg/kg)	有效磷 (mg/kg)	速效钾 (mg/kg)	缓效钾 (mg/kg)	水溶液提 pH
2004	冬小麦	0～10	—	—	—	—	142.90	13.39	49.08	—	—
2004	冬小麦	10～20	—	—	—	—	133.50	8.44	44.43	—	—
2005	马铃薯	0～20	—	—	—	—	87.50	16.17	54.67	691.50	7.72
2005	冬小麦	0～10	16.3	1.12	0.68	27.63	—	—	—	—	—
2005	冬小麦	10～20	15.6	0.82	0.81	27.37	—	—	—	—	—
2005	冬小麦	20～40	11.866 666 67	0.77	0.79	29.10	—	—	—	—	—
2005	冬小麦	40～60	7.51	0.59	0.51	21.80	—	—	—	—	—
2006	冬小麦	0～20	—	—	—	—	71.17	20.38	51.50	—	—
2007	冬小麦	0～20	20.8	1.22	—	—	114.17	13.18	34.33	558.33	8.02

4.2.3 土壤矿质全量

4.2.3.1 综合观测场

表 4-108 综合观测场水土生联合长期观测采样地土壤矿质全量

土壤类型：潮土 母质：冲积物、洪积物 单位：g/kg

年份	作物	采样深度 (cm)	Si	Fe	Mn	Ti	Al	S	Ca	Mg	K	Na
2005	冬小麦	0～10	72.10	3.57	0.07	0.47	12.09	0.05	1.44	1.05	3.14	1.83
2005	冬小麦	10～20	72.43	3.58	0.07	0.48	11.92	0.04	1.42	0.98	3.08	1.84
2005	冬小麦	20～40	69.59	4.21	0.09	0.50	13.42	0.03	1.50	1.33	3.30	1.78
2005	冬小麦	40～60	72.55	3.69	0.07	0.49	12.51	0.03	1.41	1.05	3.17	1.84

4.2.3.2 站区调查点

表 4-109 达孜县德庆乡土壤生物长期采样地土壤矿质全量

土壤类型：潮土 母质：冲积物、洪积物 单位：g/kg

年份	作物	采样深度（cm）	Si	Fe	Mn	Ti	Al	S	Ca	Mg	K	Na
2005	冬小麦	0～10	66.82	4.96	0.09	0.65	13.51	0.052	1.61	1.55	2.74	1.82
2005	冬小麦	10～20	66.96	4.71	0.10	0.57	13.59	0.045	1.96	1.55	2.93	1.80
2005	冬小麦	20～40	68.36	4.65	0.10	0.58	13.41	0.036	1.93	1.45	2.86	1.85
2005	冬小麦	40～60	69.44	4.75	0.088	0.58	13.32	0.036	1.48	1.40	2.86	1.73

表 4-110 达孜县邦堆乡土壤生物长期采样地土壤矿质全量

土壤类型：潮土 母质：冲积物、洪积物 单位：g/kg

年份	作物	采样深度（cm）	Si	Fe	Mn	Ti	Al	S	Ca	Mg	K	Na
2005	马铃薯	0～10	62.59	4.95	0.14	0.54	15.82	0.041	2.21	2.08	3.49	1.74
2005	马铃薯	10～20	62.75	4.98	0.14	0.55	15.82	0.041	2.22	2.05	3.49	1.73
2005	马铃薯	20～40	65.81	4.52	0.12	0.52	14.88	0.040	1.85	1.74	3.44	1.74
2005	马铃薯	40～60	63.56	5.21	0.129	0.54	16.49	0.037	1.27	1.99	3.85	1.51

4.2.4 土壤微量元素和重金属元素

4.2.4.1 综合观测场

表 4-111 综合观测场水土生联合长期观测采样地土壤微量元素和重金属元素

土壤类型：潮土 母质：冲积物、洪积物 单位：mg/kg

年份	作物	采样深度（cm）	全硼	全钼	全锰	全锌	全铜	全铁	硒	镉	铅	铬	镍	汞	砷
2005	马铃薯	20～40	32.3	0.7	882.6	103.1	29.8	32 886.0	0.075	0.067	41.9	54.4	24.4	0.020	21.7
2005	马铃薯	10～20	28.7	0.8	932.8	103.1	29.0	31 969.0	0.075	0.084	36.4	63.8	26.9	0.019	20.4
2005	马铃薯	0～10	34.0	0.9	866.6	102.6	30.9	30 782.5	0.076	0.122	41.5	55.6	23.8	0.023	19.9
2005	马铃薯	40～60	42.0	1.4	797.3	105.4	31.5	34 051.5	0.097	0.059	39.1	50.2	22.2	0.019	25.4
2005	冬小麦	40～60	43.3	1.2	507.5	75.3	31.0	29 205.8	0.134	0.211	36.2	52.9	23.7	0.054	25.3
2005	冬小麦	20～40	37.8	1.3	516.2	87.4	30.6	28 957.3	0.150	0.180	33.1	54.0	23.7	0.057	24.4
2005	冬小麦	10～20	40.8	1.3	507.5	72.7	28.7	28 724.5	0.133	0.221	33.4	52.6	22.9	0.036	24.0
2005	冬小麦	0～10	45.0	1.4	428.2	86.6	31.4	24 500.4	0.128	0.214	34.3	55.6	23.6	0.041	24.1

4.2.4.2 达孜县德庆乡站区调查点

表 4-112 达孜县邦堆乡土壤生物长期采样地土壤微量元素和重金属元素

土壤类型：潮土 母质：冲积物、洪积物 单位：mg/kg

年份	作物	采样深度（cm）	全硼	全钼	全锰	全锌	全铜	全铁	硒	镉	铅	铬	镍	汞	砷
2005	冬小麦	0～10	44.7	1.6	392.3	102.7	39.5	21 651.7	0.162	0.215	33.0	59.6	26.0	0.047	26.8
2005	冬小麦	10～20	38.3	1.5	579.7	76.4	34.1	30 093.0	0.171	0.210	32.2	53.4	25.3	0.039	26.5
2005	冬小麦	20～60	39.3	1.6	552.2	75.6	37.3	31 059.0	0.192	0.172	32.5	57.1	26.8	0.047	27.6
2005	冬小麦	40～60	44.7	1.5	553.2	74.9	36.4	31 010.0	0.162	0.225	36.3	60.3	26.6	0.031	27.7

表 4-113 达孜县邦堆乡土壤生物长期采样地土壤微量元素和重金属元素

土壤类型：潮土 母质：冲积物、洪积物 单位：mg/kg

年份	作物	采样深度（cm）	全硼	全钼	全锰	全锌	全铜	全铁	硒	镉	铅	铬	镍	汞	砷
2005	马铃薯	0～10	34.0	0.9	866.6	102.6	30.9	30 782.5	0.076	0.122	41.5	55.6	23.8	0.023	19.9
2005	马铃薯	10～20	28.7	0.8	932.8	103.1	29.0	31 969.0	0.075	0.084	36.4	63.8	26.9	0.019	20.4
2005	马铃薯	20～40	32.3	0.7	882.6	103.1	29.8	32 886.0	0.075	0.067	41.9	54.4	24.4	0.020	21.7
2005	马铃薯	40～60	42.0	1.4	797.3	105.4	31.5	34 051.5	0.097	0.059	39.1	50.2	22.2	0.019	25.4

4.2.5 土壤速效微量元素

4.2.5.1 综合观测场

表 4－114　综合观测场水土生联合长期观测采样地土壤速效微量元素

土壤类型：潮土　母质：冲积物、洪积物　　单位：mg/kg

年份	作物	采样深度（cm）	有效铁	有效铜	有效钼	有效硼	有效锰	有效锌	有效硫
2005	冬小麦	0～20	33.644	1.567	0.065	—	5.354	1.288	0.243

4.2.5.2 施肥实验辅助观测场

表 4－115　农田土壤要素辅助长期观测采样地（空白）土壤速效微量元素

土壤类型：潮土　母质：冲积物、洪积物　　单位：mg/kg

年份	作物	采样深度（cm）	有效铁	有效铜	有效钼	有效硼	有效锰	有效锌	有效硫
2005	冬小麦	0～20	33.541	1.304	0.063	—	4.615	1.254	0.059

表 4－116　拉萨站农田土壤要素辅助长期观测采样地（羊粪）土壤速效微量元素

土壤类型：潮土　母质：冲积物、洪积物　　单位：mg/kg

年份	作物	采样深度（cm）	有效铁	有效铜	有效钼	有效硼	有效锰	有效锌	有效硫
2005	冬小麦	0～20	33.625	1.341	0.063	—	4.627	1.401	0.044

4.2.5.3 达孜县德庆乡调查点

表 4－117　达孜县德庆乡土壤生物长期采样地土壤速效微量元素

土壤类型：潮土　母质：冲积物、洪积物　　单位：mg/kg

年份	作物	采样深度（cm）	有效铁	有效铜	有效钼	有效硼	有效锰	有效锌	有效硫
2005	冬小麦	0～20	28.142	2.263	0.068	—	7.633	0.837	0.259

4.2.5.4 达孜县邦堆乡调查点

表 4－118　达孜县邦堆乡土壤生物长期采样地土壤速效微量元素

土壤类型：潮土　母质：冲积物、洪积物　　单位：mg/kg

年份	作物	采样深度（cm）	有效铁	有效铜	有效钼	有效硼	有效锰	有效锌	有效硫
2005	马铃薯	0～20	11.682	1.763	0.075	—	9.562	1.242	0.438

4.2.6 土壤机械组成

4.2.6.1 综合观测场

表 4－119　综合观测场水土生联合长期观测采样地土壤机械组成

土壤类型：潮土　母质：冲积物、洪积物

年份	作物	采样深度（cm）	2～0.05mm（%）	0.05～0.002mm（%）	<0.002mm（%）	土壤质地名称	盐酸洗失百分率
2005	冬小麦	0～10	65.09	34.59	0.15	沙壤土	—
2005	冬小麦	10～20	65.96	33.36	0.16	沙壤土	—
2005	冬小麦	20～40	64.71	34.27	0.16	沙壤土	—
2005	冬小麦	40～60	65.00	34.38	0.17	沙壤土	—

4.2.6.2 达孜县德庆乡调查点

表 4-120 达孜县德庆乡土壤生物长期采样地土壤机械组成

土壤类型：潮土 母质：冲积物、洪积物

年份	作物	采样深度（cm）	2～0.05mm（%）	0.05～0.002mm（%）	<0.002mm（%）	土壤质地名称	盐酸洗失百分率
2005	冬小麦	0～10	0～10	0～10	0.44	沙壤土	—
2005	冬小麦	10～20	10～20	10～20	0.21	沙壤土	—
2005	冬小麦	20～40	20～40	20～40	0.41	沙壤土	—
2005	冬小麦	40～60	40～60	40～60	0.31	沙壤土	—

4.2.6.3 达孜县邦堆乡调查点

表 4-121 达孜县德庆乡土壤生物长期采样地土壤机械组成

土壤类型：潮土 母质：冲积物、洪积物

年份	作物	采样深度（cm）	2～0.05mm（%）	0.05～0.002mm（%）	<0.002mm（%）	土壤质地名称	盐酸洗失百分率
2005	冬小麦	0～10	0～10	53.89	0.44	沙壤土	—
2005	冬小麦	10～20	10～20	58.85	0.21	沙壤土	—
2005	冬小麦	20～40	20～40	54.61	0.41	沙壤土	—
2005	冬小麦	40～60	40～60	42.67	0.31	沙壤土	—

4.2.7 土壤容重

4.2.7.1 综合观测场

表 4-122 综合观测场水土生联合长期观测采样地土壤容重

土壤类型：潮土 母质：冲积物、洪积物

年份	作物	采样深度（cm）	土壤容重平均值（g/cm^3）	均方差
2005	冬小麦	0～10	1.27	0.09
2005	冬小麦	10～20	1.32	0.07
2005	冬小麦	20～40	1.40	0.05
2005	冬小麦	40～60	1.48	0.06

4.2.7.2 达孜县德庆乡调查点

表 4-123 达孜县德庆乡土壤生物长期采样地土壤容重

土壤类型：潮土 母质：冲积物、洪积物

年份	作物	采样深度（cm）	土壤容重平均值（g/cm^3）	均方差
2005	冬小麦	0～10	1.39	0.04
2005	冬小麦	10～20	1.32	0.09
2005	冬小麦	20～40	1.47	0.01
2005	冬小麦	40～60	1.48	0.06

4.2.7.3 达孜县邦堆乡调查点

表 4-124 达孜县邦堆乡土壤生物长期采样地土壤容重

土壤类型：潮土 母质：冲积物、洪积物

年份	作物	采样深度（cm）	土壤容重平均值（g/cm^3）	均方差
2005	马铃薯	0～10	1.30	0.06
2005	马铃薯	10～20	1.37	0.07
2005	马铃薯	20～40	1.48	0.02
2005	马铃薯	40～60	1.48	0.02

4.2.8 土壤理化分析方法

表 4-125 土壤理化分析方法

表名称	分析项目名称	分析方法名称	参照国标名称
土壤养分	碱解氮	碱解扩散法	LY/T 1229—1999（GB/T 7849—87）
土壤养分	有效磷	碳酸氢钠提取—钼锑抗比色法	参照 NY/T149—1990（原 GB12297—1990）
土壤养分	速效钾	乙酸铵提取—火焰光度法	

4.3 水分监测数据

4.3.1 土壤含水量

4.3.1.1 综合观测场

表 4-126 综合观测场中子管采样地土壤体积含水量（中子管）

单位：%

年份	月份	10	20	30	40	50	60	70	80
2004	5	17.0	21.1	25.6	27.2	29.1	29.4	30.3	—
2004	6	17.8	21.8	26.2	27.1	28.7	29.5	29.6	—
2004	7	18.6	23.5	28.5	28.3	29.7	30.7	30.3	—
2004	8	17.1	21.3	24.9	25.9	26.8	27.7	28.2	—
2004	9	16.8	20.9	24.0	24.7	25.5	26.3	26.6	—
2004	10	16.2	20.2	23.7	23.7	26.4	26.8	27.9	26.5
2004	11	15.7	19.4	21.8	23.9	24.9	25.1	26.9	27.1
2004	12	15.5	18.7	20.3	22.5	24.1	24.2	26.2	26.6
2005	1	15.2	18.5	20.2	21.4	22.2	22.9	24.8	25.3
2005	2	15.2	18.1	18.6	20.5	21.4	21.5	24.1	24.6
2005	3	15.3	18.5	19.9	22.5	23.9	24.0	25.7	26.2
2005	4	16.0	19.1	21.0	23.5	25.2	25.3	26.9	27.2
2005	5	16.3	18.7	19.5	22.1	23.8	24.6	26.7	27.2
2005	6	16.6	18.6	17.4	18.8	19.8	21.2	24.2	25.2
2005	7	16.2	19.5	20.5	20.8	20.8	21.3	23.9	24.8
2005	8	16.8	20.8	23.5	24.6	26.1	27.0	29.1	29.6
2005	9	13.4	17.3	20.2	20.9	21.7	22.6	24.5	25.1
2005	10	—	12.3	13.5	14.6	14.8	15.6	17.2	17.7
2006	5	18.2	20.9	23.2	24.3	24.5	25.3	26.4	27.0
2006	6	18.3	20.6	22.5	24.3	24.8	25.7	27.0	27.6
2006	7	18.6	21.0	23.5	25.0	25.4	26.3	27.4	28.1
2006	8	17.8	20.4	23.3	25.3	25.6	26.2	27.3	27.9

表 4-127 综合观测场烘干法采样地质量含水量（烘干法）

单位：%

年份	月份	10	20	30	40	50	60	70	80
2004	5	16.8	17.7	17.9	20.1	21.1	24.3	21.7	—
2004	7	22.8	24.2	20.2	20.9	24.3	25.1	—	—
2004	9	11.2	14.7	14.5	15.1	16.4	18.7	—	—
2004	10	18.7	16.7	16.5	17.2	16.9	16.6	18.2	24.9
2005	6	11.1	11.4	10.9	12.0	12.5	—	—	—
2005	8	13.3	13.8	12.3	13.3	13.8	—	—	—
2006	4	18.5	17.8	16.0	16.7	16.1	17.9	18.2	—
2006	8	19.0	20.5	18.6	17.9	17.5	—	—	—
2006	5	19.0	20.7	16.5	18.5	18.8	—	—	—
2006	6	22.3	19.9	18.8	18.2	17.5	—	—	—
2006	7	16.7	17.0	15.8	15.5	15.7	—	—	—

4.3.1.2 气象观测场

表 4-128 气象观测场中子管采样地土壤体积含水量（中子管）

单位：%

年份	月份	10	20	30	40	50	60	70	80
2004	5	15.6	18.0	18.4	21.0	22.4	21.3	25.7	28.8
2004	6	16.2	19.3	21.5	23.7	24.3	23.7	28.2	29.0
2004	7	17.4	20.6	23.4	24.2	24.4	22.9	27.9	31.7
2004	8	15.8	17.9	18.1	20.8	23.2	22.4	27.0	26.0
2004	9	15.3	16.7	13.8	16.4	18.7	18.0	22.4	23.3
2004	10	15.7	18.4	19.2	22.5	23.5	22.6	27.7	30.8
2004	11	15.6	17.4	17.9	21.3	22.6	21.7	26.3	29.5
2004	12	15.6	17.7	17.2	19.9	21.9	20.9	25.7	29.2
2005	1	15.6	17.5	16.5	19.2	21.0	20.2	24.4	28.0
2005	2	15.2	16.9	15.9	19.0	20.5	19.4	23.9	27.4
2005	3	15.7	18.0	18.7	21.5	22.6	21.9	26.4	30.1
2005	4	15.7	17.4	16.9	20.3	22.3	21.7	26.4	29.9
2005	5	16.3	18.3	19.0	22.1	23.5	22.6	27.6	30.7
2005	6	15.9	17.3	16.0	19.6	22.2	21.8	26.5	26.9
2005	7	15.7	17.6	16.6	19.2	20.7	20.1	24.5	28.0
2005	8	16.9	18.5	19.9	21.9	23.1	21.6	25.4	29.1
2005	9	15.8	18.3	18.3	20.7	22.4	21.1	24.6	28.4
2005	10	14.6	15.7	13.1	17.5	19.9	18.9	22.9	25.3
2005	11	14.9	16.2	14.2	18.3	20.0	19.0	22.8	24.8
2006	4	14.4	15.8	13.8	18.1	20.4	19.6	21.9	25.8
2006	5	14.9	16.8	15.3	18.0	20.0	19.3	22.0	24.9
2006	6	15.1	17.2	16.3	19.2	20.9	20.0	22.8	26.1
2006	7	15.0	16.9	14.8	17.2	19.1	18.5	20.6	24.0
2006	8	14.5	15.4	10.1	12.7	14.8	15.1	18.0	18.6
2006	9	15.4	17.1	14.0	14.6	15.3	14.4	16.4	18.1
2006	10	14.4	15.6	11.7	14.2	15.4	14.7	16.1	16.6
2006	11	14.3	15.3	11.3	13.5	15.0	14.2	15.9	16.4
2006	12	14.3	15.0	10.3	12.9	14.4	14.2	15.1	11.2

4.3.2 地表水、地下水水质状况

表 4-129 地表水、地下水水质状况

单位：mg/L

采样点名称	日期	pH	钙离子	镁离子	钾离子	钠离子	碳酸根离子	重碳酸根离子	氯化物	硫酸根离子	磷酸根离子	硝酸根	矿化度	化学需氧量	总氮	总磷
地表灌溉水水质监测点	2004-07-10	7.40	17.26	1.63	0.58	0.96	0.00	54.02	0.41	12.85	0.02	1.46	93.57	1.71	0.60	0.03
	2004-11-03	7.21	22.17	2.20	0.23	1.82	0.00	71.47	0.81	15.65	0.17	1.18	123.30	0.53	0.32	0.78
	2005-01-15	7.54	19.54	2.21	0.44	2.27	ND	66.88	0.85	13.18	ND	0.73	106.00	未测	0.85	ND
	2005-07-27	7.53	19.86	1.78	0.55	1.65	ND	60.59	0.49	15.40	ND	1.74	108.40	未测	1.79	0.00
	2005-10-10	7.49	21.13	2.51	0.70	2.48	ND	70.82	0.86	17.19	ND	1.83	108.00	未测	1.89	0.00
	2006-01-15	7.61	21.39	2.54	0.89	3.56	ND	98.36	4.48	19.53	4.56	3.13	376.00	20.00	7.40	0.68
	2006-07-24	7.86	13.41	1.24	0.44	1.39	ND	62.95	1.61	18.40	ND	1.54	22.00	12.32	7.47	0.64
	2007-01-17	7.05	25.93	2.52	0.80	3.00	0.00	1.48	1.71	15.29	未测	1.36	110.00	4.12	10.05	0.16
	2007-07-16	7.01	21.94	2.87	0.79	2.36	0.00	1.29	1.60	15.63	未测	0.70	20.00	未检	9.84	0.14
	2007-10-13	6.91	22.84	1.87	0.53	1.36	0.00	1.12	0.67	15.53	未测	0.71	80.00	5.49	7.26	0.16

（续）

采样点名称	日期	pH	钙离子	镁离子	钾离子	钠离子	碳酸根离子	重碳酸根离子	氯化物	硫酸根离子	磷酸根离子	硝酸根	矿化度	化学需氧量	总氮	总磷
地表流动水水质监测点	2004-07-10	7.70	16.70	2.98	0.59	2.36	0.00	63.14	0.64	11.55	0.04	0.95	87.14	1.76	0.52	0.19
	2004-11-03	7.04	26.27	5.78	1.23	4.48	0.00	100.23	0.34	17.90	0.33	1.22	89.00	0.72	0.50	0.56
	2005-01-15	7.67	27.95	4.95	1.24	7.87	ND	147.93	5.33	17.39	ND	1.63	159.40	未测	1.68	ND
	2005-07-27	6.42	16.70	3.18	0.75	2.55	ND	29.90	1.11	12.06	ND	1.52	134.40	未测	1.56	ND
	2005-10-11	7.46	22.25	4.37	1.04	4.40	ND	86.56	2.30	16.86	ND	1.65	120.20	未测	1.70	ND
	2006-01-15	7.72	37.81	6.52	1.59	8.01	ND	118.04	6.21	20.47	ND	0.29	166.00	12.00	7.61	0.48
	2006-07-24	7.83	25.44	3.27	0.94	3.85	ND	82.62	2.38	14.21	3.99	3.06	12.00	18.49	7.93	0.63
	2007-01-13	7.26	31.59	4.10	1.54	6.06	0.00	2.05	4.69	16.68	未测	1.65	86.00	1.37	11.84	0.15
	2007-07-16	6.98	19.97	2.74	0.88	2.75	0.00	1.17	1.87	15.77	未测	未检	106.00	2.91	8.65	0.18
	2007-10-13	7.06	24.45	3.57	1.04	3.33	0.00	1.61	2.31	18.85	未测	0.89	106.00	21.83	9.94	0.17
地下饮用水水质监测点	2005-07-27	6.74	21.78	3.19	1.20	3.76	ND	84.98	1.66	12.82	0.37	0.28	42.00	未测	0.32	0.16
	2005-10-10	7.37	23.33	3.45	1.16	3.52	ND	84.98	1.16	14.95	0.40	2.31	122.20	未测	2.36	0.15
	2006-01-15	7.58	36.93	4.89	2.60	4.76	ND	90.49	3.97	18.64	3.01	4.30	86.00	46.00	8.26	0.57
	2006-07-24	7.59	22.47	2.58	1.12	3.16	ND	90.49	2.61	14.95	3.59	1.52	94.00	26.70	7.51	0.70
	2007-01-13	7.06	27.13	3.07	1.08	2.92	0.00	1.54	2.52	16.48	未测	2.51	72.00	6.06	11.53	0.20
	2007-07-16	6.85	29.39	3.14	1.50	4.61	0.00	1.79	3.43	16.62	未测	1.17	114.00	10.98	11.58	0.16
	2007-10-13	6.81	23.85	2.42	1.17	2.62	0.00	1.34	0.85	17.98	未测	0.67	36.00	1.92	9.95	0.21
	2007-07-16	7.03	27.60	2.83	1.74	4.26	0.00	1.74	3.93	16.03	未测	3.40	32.00	14.56	11.59	0.16
	2007-10-13	7.84	26.12	2.92	1.86	3.86	0.06	1.74	2.70	4.50	未测	未检出	112.00	10.99	11.27	0.16
气象观测场地下水观测点	2004-07-10	7.55	29.43	4.84	1.34	4.83	0.00	108.70	3.27	16.41	0.06	4.34	146.43	1.31	0.60	0.19
	2004-11-03	6.73	24.33	3.97	0.92	4.85	0.00	87.55	1.54	14.13	0.21	1.54	188.60	0.73	0.35	0.22
	2005-07-27	7.27	25.44	3.62	1.18	4.66	ND	96.00	2.02	14.02	0.08	3.15	129.00	未测	3.18	0.04
	2005-10-10	7.48	22.95	3.39	1.22	4.03	ND	88.13	1.49	14.65	0.01	2.07	121.80	未测	2.12	0.00
	2006-02-28	7.66	29.03	3.33	0.95	5.07	ND	94.43	2.95	18.51	3.96	4.94	160.00	23.46	7.40	0.58
	2006-09-12	7.80	31.24	4.03	1.26	5.46	ND	90.49	3.32	18.29	3.58	2.33	86.00	16.43	7.51	0.69

4.3.3 地下水位记录

表 4-130　地下水位记录

样地名称：气象观测场地下水观测点 植被名称：草地 地面高程：3 688m

日期	地下水埋深（m）	日期	地下水埋深（m）	日期	地下水埋深（m）
2004-05-13	2.87	2004-07-28	1.48	2004-11-03	2.91
2004-05-18	2.75	2004-08-03	1.48	2004-11-08	3.08
2004-05-23	2.9	2004-08-13	1.94	2004-11-13	3.08
2004-05-28	2.96	2004-08-23	1.76	2004-11-18	3.1
2004-06-03	2.48	2004-08-28	1.99	2004-11-23	3.04
2004-06-08	2.39	2004-09-03	1.97	2004-11-28	3.07
2004-06-13	2.27	2004-09-06	1.68	2004-12-08	3.2
2004-06-18	2.31	2004-09-13	2.29	2004-12-13	3.24
2004-06-23	1.54	2004-09-18	2.42	2004-12-18	3.32
2004-06-28	2.08	2004-09-28	2.42	2004-12-23	3.43
2004-07-04	2.2	2004-10-08	2.35	2004-12-29	3.52
2004-07-09	1.67	2004-10-13	2.43	2005-01-03	3.5
2004-07-13	1.52	2004-10-18	2.55	2005-01-09	3.53
2004-07-18	1.37	2004-10-24	2.82	2005-01-14	3.56
2004-07-23	1.61	2004-10-29	2.97	2005-01-18	3.59

（续）

日期	地下水埋深（m）	日期	地下水埋深（m）	日期	地下水埋深（m）
2005-01-23	<3.60	2005-11-03	2.55	2006-10-08	2.90
2005-01-28	<3.60	2005-11-09	2.87	2006-10-13	2.85
2005-02-08	<3.60	2005-11-13	2.82	2006-10-18	2.99
2005-02-13	<3.60	2005-11-18	2.9	2006-10-23	2.98
2005-02-23	<3.60	2005-11-23	2.97	2006-10-28	2.92
2005-02-28	<3.60	2005-11-28	2.98	2006-11-03	3.35
2005-03-03	<3.60	2006-02-28	3.38	2006-11-08	3.40
2005-03-08	<3.60	2006-03-03	3.34	2006-11-13	3.49
2005-03-14	<3.60	2006-03-08	3.31	2006-11-18	3.31
2005-03-18	<3.60	2006-03-14	3.31	2006-11-23	3.38
2005-03-23	3.58	2006-03-18	3.32	2006-11-28	3.40
2005-03-28	3.57	2006-03-23	3.31	2006-12-03	3.36
2005-04-03	<3.60	2006-03-28	3.50	2006-12-08	3.33
2005-04-08	<3.60	2006-04-03	3.60	2006-12-13	3.38
2005-04-14	3.55	2006-04-08	<3.60	2006-12-18	3.50
2005-04-18	3.33	2006-04-14	<3.60	2006-12-23	<3.60
2005-04-23	3.03	2006-04-18	<3.60	2006-12-28	<3.60
2005-04-28	3.04	2006-04-23	<3.60	2007-02-28	<3.60
2005-05-03	3.11	2006-04-28	<3.60	2007-03-03	<3.60
2005-05-09	2.99	2006-05-03	3.60	2007-03-08	<3.60
2005-05-13	2.89	2006-05-08	3.47	2007-03-14	<3.60
2005-05-18	2.94	2006-05-13	3.37	2007-03-18	<3.60
2005-05-28	2.86	2006-05-18	3.30	2007-03-23	<3.60
2005-06-03	2.48	2006-05-23	3.14	2007-03-28	<3.60
2005-06-08	2.24	2006-05-28	3.07	2007-04-03	<3.60
2005-06-13	1.98	2006-06-03	2.52	2007-04-08	<3.60
2005-06-18	2.1	2006-06-08	2.17	2007-04-14	<3.60
2005-06-23	2.35	2006-06-13	2.26	2007-04-18	3.54
2005-07-03	2.36	2006-06-18	2.53	2007-04-23	<3.60
2005-07-08	2.4	2006-06-23	2.59	2007-04-28	<3.60
2005-07-13	2.61	2006-06-28	2.56	2007-05-03	<3.60
2005-07-18	2.33	2006-07-03	2.14	2007-05-08	<3.60
2005-07-23	1.94	2006-07-08	2.05	2007-05-13	3.43
2005-07-28	2.08	2006-07-13	2.27	2007-05-18	3.20
2005-08-03	2.15	2006-07-18	2.31	2007-05-23	3.26
2005-08-07	1.9	2006-07-23	2.52	2007-05-28	3.24
2005-08-14	1.95	2006-07-28	2.59	2007-06-03	2.90
2005-08-19	1.95	2006-08-03	2.69	2007-06-08	2.85
2005-08-23	1.27	2006-08-08	2.69	2007-06-13	2.80
2005-08-28	1.18	2006-08-13	2.78	2007-06-18	2.71
2005-09-04	1.8	2006-08-18	2.83	2007-06-23	—
2005-09-08	2.09	2006-08-23	2.76	2007-06-28	2.60
2005-09-13	2.29	2006-08-28	2.39	2007-07-03	2.70
2005-09-23	2.29	2006-09-04	2.55	2007-07-08	2.38
2005-10-03	2.49	2006-09-08	2.60	2007-07-13	2.58
2005-10-08	2.48	2006-09-13	2.60	2007-07-18	2.22
2005-10-13	2.55	2006-09-23	2.55	2007-07-23	2.41
2005-10-23	2.7	2006-09-28	2.86	2007-07-28	2.60
2005-10-29	2.68	2006-10-03	2.80	2007-08-03	2.34

（续）

日期	地下水埋深（m）	日期	地下水埋深（m）	日期	地下水埋深（m）
2007-08-08	2.58	2007-09-28	2.44	2007-11-18	3.05
2007-08-13	2.56	2007-10-03	2.46	2007-11-23	3.08
2007-08-18	2.10	2007-10-08	2.57	2007-11-28	3.07
2007-08-23	2.27	2007-10-13	2.40	2007-12-03	3.13
2007-08-28	2.43	2007-10-18	2.25	2007-12-08	2.98
2007-09-03	1.88	2007-10-23	2.45	2007-12-13	3.37
2007-09-08	1.59	2007-10-28	2.50	2007-12-18	3.21
2007-09-13	1.54	2007-11-03	2.54	2007-12-23	3.35
2007-09-18	2.00	2007-11-08	2.70	2007-12-28	3.38
2007-09-23	2.25	2007-11-13	2.77		

4.3.4　农田蒸散量

综合观测场

表 4-131　拉萨站综合观测场农田蒸散量

单位：mm

日期	观测土层厚度	上日土层储水量	该日土层储水量	时段降雨量	时段地表径流量	时段灌溉量	平均日蒸散量
2004-05-07	60	—	150.0	—	0.00	0.00	—
2004-05-14	60	150.0	127.7	0.00	0.00	0.00	3.2
2004-05-19	60	127.7	161.6	1.80	0.00	96.00	12.8
2004-05-23	60	161.6	162.9	31.10	0.00	0.00	7.5
2004-05-28	60	162.9	144.0	2.20	0.00	0.00	4.2
2004-06-05	60	144.0	127.0	14.20	0.00	0.00	3.9
2004-06-08	60	127.0	173.9	12.70	0.00	96.00	20.6
2004-06-13	60	173.9	151.5	5.50	0.00	0.00	5.6
2004-06-18	60	151.5	152.9	47.80	0.00	0.00	9.3
2004-06-23	60	152.9	155.3	15.30	0.00	0.00	2.6
2004-06-28	60	155.3	146.4	4.00	0.00	0.00	2.6
2004-07-04	60	146.4	139.9	24.10	0.00	0.00	5.1
2004-07-09	60	139.9	156.4	55.60	0.00	0.00	7.8
2004-07-13	60	156.4	169.9	56.00	0.00	0.00	10.6
2004-07-18	60	169.9	168.4	69.90	0.00	0.00	14.3
2004-07-23	60	168.4	158.1	26.10	0.00	0.00	7.3
2004-07-28	60	158.1	162.8	42.00	0.00	0.00	7.5
2004-08-03	60	162.8	162.3	23.90	0.00	0.00	4.1
2004-08-13	60	162.3	144.7	17.10	0.00	0.00	3.5
2004-08-23	60	144.7	135.7	20.30	0.00	0.00	5.9
2004-08-28	60	135.7	132.1	6.80	0.00	0.00	2.1
2004-09-03	60	132.1	138.5	31.50	0.00	0.00	4.2
2004-09-06	60	138.5	138.2	4.00	0.00	0.00	1.5
2004-09-13	60	138.2	132.4	3.20	0.00	0.00	1.3
2004-09-18	60	132.4	126.9	0.00	0.00	0.00	1.1
2004-09-28	60	126.9	155.0	10.40	0.00	96.00	7.8
2004-10-08	60	155.0	143.3	13.50	0.00	0.00	2.5
2005-03-08	70	—	166.3	0.00	0.00	—	—
2005-03-14	70	166.3	190.6	0.00	0.00	96.00	12.0

（续）

日期	观测土层厚度	上日土层储水量	该日土层储水量	时段降雨量	时段地表径流量	时段灌溉量	平均日蒸散量
2005-03-18	70	190.6	183.4	0.00	0.00	—	1.8
2005-03-23	70	183.4	177.2	3.40	0.00	—	1.9
2005-03-28	70	177.2	173.2	4.10	0.00	—	1.6
2005-04-03	70	173.2	171.4	9.00	0.00	—	1.8
2005-04-08	70	171.4	168.6	0.00	0.00	—	0.6
2005-04-14	70	168.6	214.5	0.00	0.00	96.00	8.3
2005-04-18	70	214.5	197.0	0.00	0.00	—	4.4
2005-04-23	70	197.0	182.2	0.00	0.00	—	3.0
2005-04-28	70	182.2	171.9	6.40	0.00	—	3.3
2005-05-03	70	171.9	163.7	2.00	0.00	—	2.0
2005-05-09	70	163.7	204.3	1.90	0.00	96.00	9.5
2005-05-13	70	204.3	187.3	1.60	0.00	—	4.7
2005-05-18	70	187.3	178.5	8.90	0.00	—	3.5
2005-05-28	70	178.5	160.9	12.50	0.00	—	3.0
2005-06-03	70	160.9	171.1	2.00	0.00	96.00	14.6
2005-06-08	70	171.1	163.6	1.60	0.00	—	1.8
2005-06-13	70	163.6	168.7	1.90	0.00	—	0.6
2005-06-18	70	168.7	159.9	8.90	0.00	—	3.5
2005-06-23	70	159.9	145.8	11.40	0.00	—	5.1
2005-07-03	70	145.8	143.8	1.10	0.00	—	0.3
2005-07-08	70	143.8	173.2	5.60	0.00	96.00	14.4
2005-07-13	70	173.2	150.5	7.50	0.00	—	6.1
2005-07-18	70	150.5	160.3	30.20	0.00	—	4.1
2005-07-23	70	160.3	190.4	53.50	0.00	—	4.7
2005-07-28	70	190.4	188.4	16.10	0.00	—	3.6
2005-08-03	70	188.4	167.6	3.30	0.00	—	4.0
2005-08-07	70	167.6	178.2	30.50	0.00	—	5.0
2005-08-14	70	178.2	187.3	18.90	0.00	—	1.4
2005-08-19	70	187.3	193.5	41.00	0.00	—	7.0
2005-08-23	70	193.5	224.7	48.90	0.00	—	4.4
2005-08-28	70	224.7	233.2	42.40	0.00	—	6.8
2005-09-04	70	233.2	215.8	21.00	0.00	—	5.5
2005-09-08	70	215.8	201.0	0.00	0.00	—	3.7
2005-09-13	70	201.0	179.2	0.00	0.00	—	4.4
2005-09-23	70	179.2	189.8	58.30	0.00	—	4.8
2005-10-03	70	189.8	176.1	0.40	0.00	—	1.4
2005-10-09	70	176.1	172.5	14.90	0.00	—	3.1
2005-10-13	70	172.5	171.4	0.00	0.00	—	0.3
2006-05-03	80	—	200.8	0.0	0.0	—	—
2006-05-08	80	200.8	192.0	0.0	0.0	—	1.8
2006-05-13	80	192.0	188.7	10.6	0.0	—	2.8
2006-05-18	80	188.7	181.9	0.0	0.0	—	1.3
2006-05-23	80	181.9	189.2	40.6	0.0	—	6.7
2006-05-28	80	189.2	185.7	17.5	0.0	—	4.2
2006-06-03	80	185.7	177.9	16.1	0.0	—	4.8
2006-06-08	80	177.9	169.8	22.6	0.0	—	6.1

（续）

日期	观测土层厚度	上日土层储水量	该日土层储水量	时段降雨量	时段地表径流量	时段灌溉量	平均日蒸散量
2006-06-13	80	169.8	170.5	32.8	0.0	—	6.4
2006-06-18	80	170.5	233.6	0.0	0.0	96.0	6.6
2006-06-23	80	233.6	201.4	4.4	0.0	—	7.3
2006-06-28	80	201.4	191.8	30.2	0.0	—	8.0
2006-07-03	80	191.8	190.9	21.4	0.0	—	4.5
2006-07-08	80	190.9	197.0	28.9	0.0	—	4.6
2006-07-13	80	197.0	184.9	8.1	0.0	—	4.0
2006-07-18	80	184.9	175.7	3.3	0.0	—	2.5
2006-07-23	80	175.7	211.5	15.2	0.0	96.0	15.1
2006-07-28	80	211.5	197.7	7.1	0.0	—	4.2
2006-08-03	80	197.7	183.6	1.0	0.0	—	3.0
2006-08-08	80	183.6	199.5	0.7	0.0	—	3.0
2006-08-13	80	199.5	186.2	1.5	0.0	—	3.0
2006-08-18	80	186.2	179.9	1.1	0.0	—	1.5
2006-08-23	80	179.9	211.2	26.5	0.0	—	1.0

4.3.5　土壤水分常数

4.3.5.1　综合观测场

表 4-132　拉萨站综合观测场土壤水分常数

日期	采样层次（cm）	土壤类型	土壤质地	土壤完全持水量	土壤田间持水量	土壤凋萎含水量	土壤孔隙度	容重
2005-06-16	10	潮土	沙壤土	38.9	22.352	0	46.54	1.19
2005-06-16	20	潮土	沙壤土	45.2	25.549	0	45.66	1.35
2005-06-16	30	潮土	沙壤土	46.7	25.393	0	40	1.34
2005-06-16	40	潮土	沙壤土	46.7	25.117	0	40	1.4
2005-06-16	50	潮土	沙壤土	46.7	29.68	0	40	1.56
2006-06-06	10	潮土	沙壤土	0	17.9	3.05	0	1.35
2006-06-06	20	潮土	沙壤土	0	15.2	3.8	0	1.52
2006-06-06	30	潮土	沙壤土	0	13.7	3.7	0	1.56
2006-06-06	40	潮土	沙壤土	0	13.4	2.4	0	1.58
2006-06-06	50	潮土	沙壤土	0	14	1.8	0	1.58

4.3.5.2　气象观测场

表 4-133　拉萨站气象观测场土壤水分常数

日期	采样层次	土壤类型	土壤质地	土壤完全持水量	土壤田间持水量	土壤凋萎含水量（mm）	土壤孔隙度	容重
2005-06-21	10	潮土	沙壤土	38.9	22.352	0	46.54	1.19
2005-06-21	20	潮土	沙壤土	45.2	25.549	0	45.66	1.35
2005-06-21	30	潮土	沙壤土	46.7	25.393	0	40	1.34
2005-06-21	40	潮土	沙壤土	46.7	25.117	0	40	1.4
2005-06-21	50	潮土	沙壤土	46.7	29.68	0	40	1.56

4.3.6 水面蒸发量

表 4-134 水面蒸发量

样地名称：拉萨站气象站 E601 水面蒸发皿

年份	月	月蒸发量（mm）	月均水温（℃）	年份	月	月蒸发量（mm）	月均水温（℃）
2004	1	—	—	2005	7	304.8	20.0
2004	2	—	—	2005	8	246.0	19.7
2004	3	—	—	2005	9	252.4	17.7
2004	4	112.1	—	2005	10	281.4	11.6
2004	5	165.7	—	2005	11	14.2	7.0
2004	6	132.2	—	2005	12	—	—
2004	7	103.1	—	2006	1	—	—
2004	8	102.0	—	2006	2	—	—
2004	9	78.8	—	2006	3	3.5	7.7
2004	10	102.5	9.2	2006	4	184.9	10.3
2004	11	3.4	6.0	2006	5	90.9	15.1
2004	12	—	—	2006	6	64.6	13.4
2005	1	—	—	2006	7	105.2	16.2
2005	2	—	—	2006	8	140.3	19.1
2005	3	122.6	8.3	2006	9	113.9	16.8
2005	4	329.8	11.4	2006	10	108.5	11.1
2005	5	154.4	14.0	2006	11	7.5	7.0
2005	6	310.8	19.4	2006	12	—	—

4.3.7 雨水水质状况

表 4-135 雨水水质状况

样地名称：气象观测场雨水采样器　　单位：mg/L

年份	月份	pH	矿化度	硫酸根	非溶性物质总含量
2004	1	7.5	240.0	22.9	229.2
2004	4	7.2	64.7	4.6	173.9
2004	7	6.1	107.2	0.1	40.9
2004	10	6.0	130.3	2.6	185.3
2005	1	6.5	35.6	1.3	56.3
2005	4	6.3	115.6	7.5	135.4
2005	7	6.0	32.8	0.7	2.9
2005	10	5.9	120.2	0.5	19.7
2006	4	8.9	16.0	10.8	21.3
2006	7	7.7	0.0	12.5	10.5
2006	10	7.9	0.0	29.6	59.0
2007	2	6.6	164.0	36.4	0.3
2007	4	5.7	64.0	20.4	0.2
2007	7	5.3	8.0	16.0	0.0
2007	10	5.1	16.0	18.1	0.0

4.3.8 农田灌溉量

综合观测场

表 4-136 综合观测场农田灌溉量

日 期	观测场地经度	观测场地纬度	作物名称	灌溉方式	灌溉面积（hm^2）	灌溉量（mm）
2003-10-17	91°21′E	29°41′N	冬小麦	漫灌	0.16	96
2003-12-04	91°21′E	29°41′N	冬小麦	漫灌	0.16	96
2004-03-11	91°21′E	29°41′N	冬小麦	漫灌	0.16	96
2004-05-05	91°21′E	29°41′N	冬小麦	漫灌	0.16	96
2004-05-15	91°21′E	29°41′N	冬小麦	漫灌	0.16	96
2004-06-06	91°21′E	29°41′N	冬小麦	漫灌	0.16	96
2004-10-12	91°21′E	29°41′N	冬小麦	畦灌	0.16	96
2004-11-21	91°21′E	29°41′N	冬小麦	畦灌	0.16	96
2005-03-10	91°21′E	29°41′N	冬小麦	畦灌	0.16	96
2005-04-13	91°21′E	29°41′N	冬小麦	畦灌	0.16	96
2005-05-07	91°21′E	29°41′N	冬小麦	畦灌	0.16	96
2005-05-29	91°21′E	29°41′N	冬小麦	畦灌	0.16	96
2005-07-07	91°21′E	29°41′N	冬小麦	畦灌	0.16	96
2006-04-30	91°21′E	29°41′N	春青稞	畦灌	0.16	96
2006-06-16	91°21′E	29°41′N	春青稞	畦灌	0.16	96
2006-07-18	91°21′E	29°41′N	春青稞	畦灌	0.16	96
2007-05-10	91°21′E	29°41′N	春青稞	畦灌	0.16	96
2007-06-04	91°21′E	29°41′N	春青稞	畦灌	0.16	96
2007-06-21	91°21′E	29°41′N	春青稞	畦灌	0.16	96
2007-07-10	91°21′E	29°41′N	春青稞	畦灌	0.16	96

4.3.9 水质分析方法

表 4-137 水质分析方法

分析项目名称	分析方法名称	参照国标名称
pH	电极法	
钙离子	离子色谱法	
镁离子	离子色谱法	
钾离子	离子色谱法	
钠离子	离子色谱法	
碳酸根离子	离子色谱法	
重碳酸根离子	离子色谱法	
氯化物	离子色谱法	
硫酸根离子	离子色谱法	
磷酸根离子	离子色谱法	
硝酸根离子	离子色谱法	
矿化度	重量法	GB11901—89
化学需氧量（COD）	重铬酸钾法	GB11914—89
水中溶解氧（DO）	未测	
总氮	过硫酸钾氧化—紫外分光光度法	GB11894—89
总磷	钼锑抗分光光度法	GB11893—89
硫酸根	铬酸钡光度法	
非溶性物质总含量	103～105℃烘干法	GB11901—89

4.4 气象监测数据

4.4.1 自动气象观测要素

4.4.1.1 温度

表 4-138 自动观测气象要素——空气温度

单位:℃

年份	月份	日平均值月平均	日最大值月平均	日最小值月平均	月极大值	极大值日期	月极小值	极小值日期
2004	10	—	—	—	—	—	—	—
2004	11	—	12.2	−2.0	16.3	7	−5.6	11
2004	12	—	11.8	1.1	16.3	31	−5.0	16
2005	1	—	6.0	−7.1	13.8	1	−16.5	12
2005	2	—	9.6	−5.5	15.2	27	−10.1	10
2005	3	6.0	13.7	−1.9	18.2	15	−5.4	7
2005	4	—	15.7	1.8	20.8	13	−2.9	4
2005	5	10.2	18.4	3.6	26.9	31	−0.1	21
2005	6	16.2	24.7	8.8	27.9	11	5.2	24
2005	7	16.4	24.8	10.1	29.5	7	7.4	13
2005	8	—	—	—	28.2	11	7.3	30
2005	9	13.7	23.4	6.5	26.3	1	2.9	9
2005	10	9.0	18.8	1.1	25.0	1	−3.6	30
2005	11	3.3	15.0	−6.3	18.8	13	−9.8	29
2005	12	−0.6	10.9	−9.1	17.2	2	−12.6	31
2006	1	1.1	13.3	−9.0	18.7	19	−12.1	1
2006	2	3.5	15.1	−6.2	20.5	28	−11.0	5
2006	3	5.4	14.3	−2.8	19.0	25	−6.7	2
2006	4	7.6	17.0	−0.3	22.4	10	−4.7	20
2006	5	11.7	22.0	4.6	26.2	27	0.6	1
2006	6	16.8	25.6	9.5	28.8	19	7.1	19
2006	7	16.8	26.4	10.3	29.9	20	7.7	22
2006	8	16.0	26.0	8.7	28.9	15	4.6	10
2006	9	—	—	—	—	—	—	—
2006	10	7.9	18.1	0.2	26.3	2	−5.3	28
2006	11	2.9	12.6	−4.4	17.9	30	−10.2	27
2006	12	0.1	—	—	—	—	—	—
2007	1	0.9	12.0	−8.7	20.3	3	−13.4	24
2007	2	—	—	—	—	—	—	—
2007	3	6.4	16.0	−2.8	23.5	31	−8.5	17
2007	4	8.7	18.6	0.7	23.0	1	−2.8	15
2007	5	14.9	24.9	6.2	30.1	23	1.3	5
2007	6	15.1	24.1	7.8	28.6	20	4.3	5
2007	7	16.3	24.9	10.7	31.3	3	7.9	31
2007	8	15.3	23.7	9.6	28.5	12	5.7	2
2007	9	13.3	21.9	7.3	25.2	11	3.1	21
2007	10	11.0	21.5	2.1	25.0	28	−3.2	25
2007	11	—	—	—	18.2	1	−8.2	30
2007	12	−0.4	11.2	−9.1	17.7	26	−12.4	31

4.4.1.2 湿度

表 4-139 自动观测气象要素——空气相对湿度

单位：%

年份	月份	日平均值 月平均	日最大值 月平均	日最小值 月平均	月极大值	极大值日期	月极小值	极小值日期
2004	11	—	—	15.0	—	—	6.0	12
2004	12	—	—	10.0	—	—	6.0	10
2005	1	—	—	18.0	—	—	5.0	27
2005	2	—	—	11.0	—	—	4.0	19
2005	3	33.0	—	15.0	—	—	6.0	13
2005	4	—	—	17.0	—	—	5.0	10
2005	5	53.0	—	27.0	—	—	9.0	27
2005	6	48.0	—	26.0	—	—	17.0	2
2005	7	59.0	—	34.0	—	—	19.0	7
2005	8	—	—	—	—	—	31.0	4
2005	9	61.0	—	29.0	—	—	14.0	8
2005	10	50.0	—	19.0	—	—	9.0	16
2005	11	28.0	—	7.0	—	—	4.0	16
2005	12	27.0	—	7.0	—	—	4.0	2
2006	1	20.0	—	5.0	—	—	3.0	5
2006	2	22.0	—	6.0	—	—	4.0	9
2006	3	28.0	—	10.0	—	—	5.0	5
2006	4	38.0	—	13.0	—	—	5.0	15
2006	5	50.0	—	22.0	—	—	7.0	1
2006	6	52.0	—	28.0	—	—	15.0	20
2006	7	59.0	—	31.0	—	—	17.0	8
2006	8	55.0	—	26.0	—	—	18.0	12
2006	9	—	—	—	—	—	—	—
2006	10	47.0	—	16.0	—	—	6.0	9
2006	11	39.0	—	15.0	—	—	4.0	30
2006	12	25.0	—	—	—	—	—	—
2007	1	17.0	—	5.0	—	—	3.0	1
2007	2	—	—	—	—	—	—	—
2007	3	22.0	—	7.0	—	—	3.0	5
2007	4	37.0	—	14.0	—	—	4.0	3
2007	5	34.0	—	13.0	—	—	5.0	4
2007	6	47.0	—	23.0	—	—	9.0	1
2007	7	61.0	—	34.0	—	—	19.0	1
2007	8	65.0	—	35.0	—	—	19.0	12
2007	9	63.0	—	33.0	—	—	17.0	18
2007	10	41.0	—	15.0	—	—	5.0	28
2007	11	—	—	—	—	—	5.0	30
2007	12	27.0	—	7.0	—	—	4.0	16

4.4.1.3 气压

表 4-140 自动观测气象要素——气压

单位：hPa

年份	月份	日平均值月平均	日最大值月平均	日最小值月平均	月极大值	极大值日期	月极小值	极小值日期
2004	11	—	654.0	648.6	657.7	5	644.1	18
2004	12	—	652.1	647.1	659.1	3	638.2	20
2005	1	—	648.4	642.7	659.1	3	637.2	9
2005	2	—	647.4	642.0	652.8	24	635.0	16
2005	3	648.4	650.7	645.1	656.4	13	640.5	27
2005	4	—	651.6	645.8	657.2	18	640.2	10
2005	5	648.5	650.5	645.5	653.4	21	640.5	8
2005	6	647.8	650.2	644.4	653.8	25	640.7	2
2005	7	649.9	651.9	647.0	654.7	14	643.9	3
2005	8	—	—	—	653.9	27	642.9	6
2005	9	653.1	655.3	650.2	658.9	8	647.4	26
2005	10	652.0	654.6	648.9	658.1	8	643.3	26
2005	11	648.4	652.4	646.2	656.0	10	641.7	17
2005	12	648.9	652.0	645.4	655.9	16	640.2	4
2006	1	647.5	650.7	644.1	659.5	31	635.1	21
2006	2	648.5	651.5	644.6	657.8	5	636.5	28
2006	3	647.2	649.8	643.5	656.1	9	637.1	1
2006	4	648.7	651.1	645.5	659.3	28	639.9	10
2006	5	650.5	652.7	646.8	656.6	14	640.9	29
2006	6	648.7	650.9	645.4	654.8	25	641.4	12
2006	7	650.1	652.0	626.5	655.0	26	1.5	11
2006	8	651.5	653.5	648.5	655.2	5	646.5	27
2006	9	—	—	—	—	—	—	—
2006	10	653.7	656.2	650.8	662.2	25	644.5	4
2006	11	650.9	653.4	648.0	659.7	6	639.1	23
2006	12	649.8	—	—	—	—	—	—
2007	1	646.5	649.8	642.6	657.2	24	635.4	13
2007	2	—	—	—	—	—	—	—
2007	3	647.1	650.2	642.9	657.9	28	636.7	7
2007	4	650.7	653.3	647.2	658.0	14	642.8	3
2007	5	649.5	651.9	645.9	657.8	1	641.4	24
2007	6	649.3	651.5	645.9	656.7	23	640.6	17
2007	7	649.3	651.1	646.0	653.7	31	643.8	1
2007	8	650.8	652.7	647.9	655.7	20	644.2	13
2007	9	651.4	653.4	648.7	658.7	17	645.1	5
2007	10	650.7	653.4	647.7	656.3	24	643.6	28
2007	11	—	—	—	658.6	23	644.4	30
2007	12	648.2	651.3	644.9	659.8	5	640.8	10

4.4.1.4 降水

表 4-141　自动观测气象要素——降水

单位：mm

年份	月份	合计	最高	日最大值出现时间	年份	月	合计	最高	日最大值出现时间
2004	10	—	—	—	2006	6	95.0	9.2	
2004	11	0.0	2.6	—	2006	7	493.0	418.2	—
2004	12	—	0.0	—	2006	8	48.6	6.6	—
2005	1	0.0	0.4	—	2006	9	—	—	—
2005	2	0.0	0.0	—	2006	10	10.0	2.8	—
2005	3	3.0	0.8	—	2006	11	3.4	0.8	—
2005	4	14.8	3.2	—	2006	12	0.0	0.0	
2005	5	27.2	4.0	—	2007	1	0.0	0.0	—
2005	6	84.4	8.4	—	2007	2	—	—	—
2005	7	117.8	9.2	—	2007	3	2.2	0.8	—
2005	8	80.6	7.4	—	2007	4	24.8	2.4	—
2005	9	4.6	0.4	—	2007	5	8.2	1.6	—
2005	10	18.2	4.6	—	2007	6	81.2	13.6	—
2005	11	0.0	0.0		2007	7	140.8	8.2	—
2005	12	0.0	0.0	—	2007	8	113.8	9.2	—
2006	1	0.0	0.0	—	2007	9	67.8	4.8	—
2006	2	0.0	0.0	—	2007	10	0.8	0.8	—
2006	3	0.2	0.2	—	2007	11	0.0	0.4	—
2006	4	10.2	1.6	—	2007	12	0.0	0.0	—
2006	5	84.2	5.6	—		—		—	—

4.4.1.5 风速

表 4-142　自动观测气象要素——风速

年份	月份	月平均风速(m/s)	月最多风向	最大风速(m/s)	最大风风向(°)	最大风出现日期	最大风出现时间
2004	10	—	—	—	—	—	—
2004	11	—	NE	9.7	15	19	12：00
2004	12	—	NE	6.3	260	21	18：00
2005	1	—	NE	6.9	280	29	15：00
2005	2	—	NE	10.4	249	19	17：00
2005	3	1.8	NE	8.5	258	17	18：00
2005	4	—	NE	10.2	347	22	19：00
2005	5	1.5	NE	10.3	263	6	13：00
2005	6	1.6	NE	6.6	266	15	22：00
2005	7	1.3	NE	8.5	159	1	21：00
2005	8	—	NE	6.4	241	28	00：00
2005	9	1.2	NE	6.7	237	17	03：00
2005	10	1.2	NE	7.6	245	2	00：00
2005	11	1.5	NE	7.3	241	4	17：00
2005	12	1.3	NE	6.1	236	2	18：00
2006	1	1.4	NE	10.3	235	22	21：00
2006	2	1.7	NE	9.8	243	28	18：00
2006	3	1.9	NE	8.6	264	5	16：00
2006	4	1.8	NE	10.4	328	4	14：00
2006	5	1.3	NE	7.9	355	8	17：00
2006	6	1.3	NE	5.3	248	24	23：00

（续）

年份	月份	月平均风速（m/s）	月最多风向	最大风速（m/s）	最大风风向（°）	最大风出现日期	最大风出现时间
2006	7	1.1	NE	8	1	11	05：00
2006	8	1.4	NE	7	345	7	15：00
2006	9	—	—	—	—	—	—
2006	10	1.3	NE	8.2	224	24	18：00
2006	11	1.4	NE	7.2	116	11	16：00
2006	12	1.9	NE	233	0	31	21：00
2007	1	1.7	NE	10.2	128	21	16：00
2007	2	—	—	—	—	—	—
2007	3	1.9	NE	9.1	133	11	16：00
2007	4	1.6	NE	11.4	196	4	02：00
2007	5	1.5	NE	5.4	9	9	18：00
2007	6	1.5	NE	6.8	226	2	14：00
2007	7	1.3	NE	6	104	17	01：00
2007	8	1.2	NE	6.8	132	14	19：00
2007	9	1.2	NE	6.3	111	9	08：00
2007	10	1.4	NE	218	1	9	20：00
2007	11	—	N	6.1	50	9	19：00
2007	12	1.3	NE	6.8	120	8	15：00

4.4.1.6 地表温度

表 4-143 自动观测气象要素——地表温度

单位：℃

年份	月份	日平均值月平均	日最大值月平均	日最小值月平均	月极大值	极大值日期	月极小值	极小值日期
2004	11	—	25.8	−3.2	33.5	1	−6.2	11
2004	12	—	19.6	−4.3	35.2	31	−10.1	31
2005	1	—	14.1	−9.3	30.6	1	−15.8	28
2005	2	—	25.5	−10.6	48.8	27	−14.9	20
2005	3	9.9	33.5	−3.4	50.8	31	−9.7	1
2005	4	—	30.4	0.1	51.4	9	−4.9	4
2005	5	14.7	32.9	3.7	56.4	31	−0.3	15
2005	6	20.2	38.5	9.3	55.7	3	4.6	2
2005	7	21.8	40.9	11.8	62.7	8	8.1	7
2005	8	—	—	—	41.2	1	10.5	30
2005	9	18.4	36.4	9.4	47.5	14	5.5	29
2005	10	14.0	41.1	1.1	49.8	27	−5.9	30
2005	11	6.6	40.1	−9.6	45.9	13	−14.2	27
2005	12	0.3	13.3	−5.8	21.8	29	−9.4	27
2006	1	0.8	18.4	−7.4	25.8	13	−10.0	9
2006	2	4.5	25.4	−5.3	42.6	28	−7.1	26
2006	3	7.6	21.9	0.1	42.9	1	−8.1	2
2006	4	12.1	30.2	1.8	42.8	24	−2.6	20
2006	5	17.4	36.6	6.8	48.2	7	1.4	1
2006	6	21.5	39.4	11.8	51.7	20	9.0	19
2006	7	22.4	42.0	12.8	57.7	22	9.5	22
2006	8	23.4	49.0	10.8	62.1	11	6.8	10
2006	9	—	—	—	—	—	—	—

（续）

年份	月	日平均值月平均	日最大值月平均	日最小值月平均	月极大值	极大值日期	月极小值	极小值日期
2006	10	13.9	41.9	−0.5	53.8	2	−7.2	29
2006	11	6.1	31.5	−6.8	41.7	2	−14.2	27
2006	12	0.8	28.1	−12.8	33.4	1	−17.0	31
2007	1	1.9	31.2	−13.8	37.0	29	−17.9	24
2007	2	—	—	—	—	—	—	—
2007	3	12.8	46.2	−6.9	58.8	31	−13.7	17
2007	4	15.9	45.8	−1.5	57.8	19	−7.7	15
2007	5	24.3	55.3	5.1	65.8	23	−0.8	5
2007	6	—	39.9	8.8	62.9	3	3.2	12
2007	7	22.6	43.5	12.2	74.5	9	8.5	12
2007	8	20.7	40.1	11.7	61.4	13	7.1	2
2007	9	17.1	34.8	8.9	47.2	24	4.4	21
2007	10	14.6	47.1	−0.2	57.5	6	−6.3	25
2007	11	—	—	—	45.6	7	−15.0	30
2007	12	−2.5	27.9	−15.0	32.1	8	−19.1	31

4.4.1.7　辐射

表 4－144　太阳辐射自动观测记录表——月辐射

单位：MJ/m²

年	月	总辐射总量	反射辐射总量	紫外辐射总量	净辐射总量	光合有效辐射总量	日照时数平均值
2004	10	460.2	120.5	24.1	197.0	1 035.1	236.0
2004	11	384.5	111.0	17.9	159.2	862.3	218.0
2004	12	—	—	—	—	—	—
2005	1	341.8	106.3	14.9	69.7	638.0	177.0
2005	2	294.3	69.5	13.6	93.6	632.4	139.0
2005	3	496.1	92.7	22.8	217.1	1 031.4	212.0
2005	4	525.9	108.1	25.0	233.2	1 030.2	203.0
2005	5	636.5	116.8	30.1	299.2	1 307.9	228.0
2005	6	748.1	146.6	35.8	391.5	1 553.4	269.0
2005	7	740.6	151.1	34.5	379.6	1 482.6	242.0
2005	8	—	—	—	—	—	—
2005	9	702.3	150.9	32.0	323.9	1 383.3	279.0
2005	10	580.3	134.1	25.6	221.6	1 120.1	256.0
2005	11	535.0	147.5	21.2	123.1	969.2	293.0
2005	12	481.8	145.3	18.9	73.6	848.3	280.0
2006	1	499.6	148.4	19.8	85.2	865.9	268.0
2006	2	509.2	144.0	21.3	126.2	908.1	230.0
2006	3	653.7	177.3	28.2	209.1	1 224.1	257.0
2006	4	669.6	167.9	30.0	249.9	1 250.7	230.0
2006	5	767.8	175.5	35.5	317.2	1 491.3	262.0
2006	6	809.5	156.3	38.2	379.0	1 591.3	272.0
2006	7	767.6	—	25.0	387.7	1 547.3	249.0
2006	8	730.4	—	34.1	—	1 642.3	260.0
2006	9	658.6	107.6	30.2	255.4	1 323.7	257.0
2006	10	612.7	111.9	26.6	233.5	1 186.2	275.0
2006	11	478.7	100.7	19.9	143.3	902.1	243.0
2006	12	468.2	106.4	18.3	109.3	859.0	266.0

（续）

年	月	总辐射总量	反射辐射总量	紫外辐射总量	净辐射总量	光合有效辐射总量	日照时数平均值
2007	1	513.6	121.4	19.8	115.7	925.0	275.0
2007	2	509.5	118.0	21.1	152.5	945.9	225.0
2007	3	702.1	176.2	30.0	192.3	1 317.2	280.0
2007	4	697.9	167.8	31.1	207.6	1 326.2	242.0
2007	5	835.2	196.5	37.9	248.8	1 611.9	294.0
2007	6	709.4	148.8	33.1	270.4	1 391.4	247.0
2007	7	676.8	123.5	32.8	277.7	1 344.3	218.0
2007	8	713.7	129.3	34.3	317.9	1 409.8	237.0
2007	9	593.7	104.3	721.4	252.3	2 229.6	229.0
2007	10	625.6	131.3	27.1	203.4	1 174.4	294.0
2007	11	439.2	111.5	18.1	100.3	799.1	229.0
2007	12	457.5	126.2	17.6	90.2	803.4	265.0

4.4.1.8 地温

表 4-145 自动观测气象要素——地表温度和土壤温度

单位：℃

年份	月	TG _ 0cm	TG _ 5cm	TG _ 10cm	TG _ 15cm	TG _ 20cm	TG _ 40cm	TG _ 60cm	TG _ 100cm
2005	3	9.9	7.9	7.7	7.8	7.5	7.3	7.0	7.0
2005	4	—	—	—	—	—	—	—	—
2005	5	14.7	13.6	13.5	13.7	13.5	13.1	12.5	12.0
2005	6	20.2	17.7	17.7	18.0	17.8	17.2	16.3	15.2
2005	7	21.8	19.1	19.0	19.1	18.8	18.2	17.4	16.6
2005	8	—	—	—	—	—	—	—	—
2005	9	18.4	16.8	16.8	17.1	17.0	17.0	16.8	16.6
2005	10	14.0	11.8	12.0	12.6	12.8	13.5	13.8	14.3
2005	11	6.6	5.3	5.7	6.6	6.8	8.1	9.0	10.2
2005	12	0.3	1.0	1.1	1.8	2.0	3.4	4.6	6.1
2006	1	0.8	0.3	0.4	1.0	1.0	2.1	3.0	4.4
2006	2	4.5	3.0	3.0	3.3	3.1	3.4	3.8	4.6
2006	3	7.6	6.8	6.7	7.0	6.8	6.8	6.7	6.9
2006	4	12.1	10.0	10.0	10.4	10.1	9.9	9.5	9.3
2006	5	17.4	14.5	14.5	14.7	14.3	13.6	12.7	11.9
2006	6	21.5	18.8	18.8	19.0	18.6	17.7	16.6	15.3
2006	7	22.4	19.9	19.8	20.0	19.6	18.8	17.8	16.7
2006	8	23.4	19.5	19.6	19.9	19.6	18.9	18.0	17.2
2006	9	—	—	—	—	—	—	—	—
2006	10	13.9	11.6	11.9	12.7	12.8	13.5	13.8	14.2
2006	11	6.1	5.6	6.1	7.0	7.3	8.8	9.9	11.1
2006	12	0.8	1.6	2.0	3.0	3.3	5.1	6.5	8.1
2007	1	1.9	1.8	2.1	2.8	2.9	4.2	5.2	6.6
2007	2	—	—	—	—	—	—	—	—
2007	3	12.8	11.5	11.1	10.9	10.2	9.5	8.9	8.7
2007	4	15.9	15.0	14.6	14.6	13.7	12.8	11.9	11.3
2007	5	24.3	21.1	20.6	20.3	19.4	17.3	15.4	13.8
2007	6	—	—	—	—	—	—	—	—
2007	7	22.6	21.2	21.0	21.1	20.5	19.4	18.0	16.6
2007	8	20.7	19.7	19.5	19.6	19.1	18.4	17.6	16.5
2007	9	17.1	16.5	16.4	16.8	16.4	16.4	16.1	15.8
2007	10	14.6	13.7	13.8	14.4	14.2	14.5	14.5	14.7
2007	11	—	—	—	—	—	—	—	—
2007	12	−2.5	0.4	0.9	2.3	2.3	4.2	5.6	7.4

4.4.2　人工气象观测要素

表 4-146　人工观测气象要素——气压

单位：hPa

年份	月	平均气压	最高气压	最高气压出现日期	最低气压	最低气压出现日期
1993	8	650.7	656.2	2	644.4	9
1993	9	652.7	656.7	20	648.0	26
1993	10	651.5	660.9	27	642.7	28
1993	11	652.0	659.5	11	641.6	19
1993	12	651.4	661.9	25	639.6	1
1994	1	647.9	655.2	27	637.7	30
1994	2	644.4	654.1	7	634.6	22
1994	3	648.0	656.9	9	639.4	1
1994	4	648.2	656.1	14	638.6	18
1994	5	650.6	656.5	11	643.2	10
1994	6	648.8	654.4	8	640.3	13
1994	7	649.9	659.6	1	644.8	24
1994	8	651.9	656.0	3	647.6	1
1994	9	652.7	658.0	11	647.2	20
1994	10	651.3	660.3	19	645.2	15
1994	11	653.3	660.8	9	644.2	28
1994	12	649.7	661.9	6	638.0	11
1995	1	646.7	656.4	8	634.3	21
1995	2	645.2	655.4	7	637.0	21
1995	3	646.7	655.7	19	638.3	4
1995	4	648.5	656.9	10	639.3	1
1995	5	648.2	657.3	8	639.4	18
1995	6	649.0	654.1	26	642.5	11
1995	7	649.8	654.3	20	643.4	1
1995	8	651.6	656.6	16	645.3	13
1995	9	652.6	657.1	28	646.4	22
1995	10	652.2	658.7	9	646.9	17
1995	11	652.0	660.9	14	643.5	28
1995	12	649.0	655.8	11	641.7	14
1996	1	645.2	657.9	2	636.6	20
1996	2	647.7	657.6	3	640.0	20
1996	3	647.3	656.7	1	639.3	29
1996	4	648.8	660.7	15	638.6	1
1996	5	649.0	655.7	22	642.0	28
1996	6	650.6	658.9	10	642.2	29
1996	7	650.0	655.7	9	645.2	5
1996	8	652.1	657.4	23	646.2	31
1996	9	652.3	656.8	13	644.1	18
1996	10	651.5	658.4	18	645.0	6
1996	11	649.9	659.7	1	641.5	24
1996	12	650.5	661.3	31	643.2	10
1997	1	647.2	659.7	1	635.8	24
1997	2	641.7	653.7	24	631.7	14
1997	3	647.5	654.6	6	637.5	20
1997	4	650.0	657.4	30	640.3	1

（续）

年份	月	平均气压	最高气压	最高气压出现日期	最低气压	最低气压出现日期
1997	5	648.7	655.3	2	641.7	10
1997	6	649.3	653.8	12	641.8	8
1997	7	650.4	655.4	20	643.3	1
1997	8	652.3	658.9	21	645.0	2
1997	9	653.1	659.7	20	645.1	28
1997	10	653.6	658.7	17	647.1	1
1997	11	651.5	661.6	6	643.1	24
1997	12	649.3	656.2	18	643.0	30
1998	1	646.6	659.3	4	633.1	15
1998	2	647.3	660.2	10	639.6	26
1998	3	647.2	658.8	31	637.6	10
1998	4	651.3	661.9	1	639.8	13
1998	5	651.1	657.2	16	—	—
1998	6	649.4	653.8	29	642.4	9
1998	7	650.7	654.8	14	645.7	8
1998	8	652.0	656.9	24	647.6	17
1998	9	653.3	663.5	21	647.2	1
1998	10	651.6	656.3	29	644.6	18
1998	11	652.7	662.4	2	645.9	29
1998	12	652.0	660.7	13	638.0	30
1999	1	647.2	659.9	2	637.1	30
1999	2	650.9	659.6	12	639.7	1
1999	3	645.1	653.7	29	635.0	17
1999	4	648.0	655.5	21	640.8	16
1999	5	648.4	654.8	8	641.9	29
1999	6	648.5	654.2	9	640.4	2
1999	7	649.4	654.9	31	644.0	12
1999	8	650.6	655.3	17	645.1	6
1999	9	652.5	657.8	28	648.0	11
1999	10	—	—	—	—	—
1999	11	—	—	—	—	—
1999	12	—	—	—	—	—
2000	1	646.1	655.1	2	636.5	15
2000	2	642.1	651.2	16	635.2	26
2000	3	645.0	659.0	27	636.1	9
2000	4	647.5	654.3	12	640.9	3
2000	5	650.2	657.1	4	642.2	31
2000	6	648.5	653.2	29	643.1	24
2000	7	649.7	653.9	22	644.1	9
2000	8	650.6	654.4	5	643.8	1
2000	9	651.2	656.4	14	646.1	11
2000	10	651.9	661.2	29	643.7	22
2000	11	649.5	657.3	4	640.4	30
2000	12	649.7	658.4	3	639.6	5
2001	1	644.6	653.8	17	634.1	23
2001	2	644.9	653.5	17	635.7	2
2001	3	647.6	654.6	3	641.9	5
2001	4	649.4	656.1	24	641.8	22
2001	5	649.0	655.7	13	641.7	24

（续）

年份	月	平均气压	最高气压	最高气压出现日期	最低气压	最低气压出现日期
2001	6	649.4	655.6	13	642.2	16
2001	7	650.5	654.6	23	646.6	5
2001	8	651.2	655.6	5	645.8	27
2001	9	651.9	655.9	29	647.5	5
2001	10	650.6	657.5	2	646.1	17
2001	11	652.8	659.7	14	645.5	28
2001	12	650.2	660.6	23	638.9	8
2002	1	647.4	657.9	1	632.4	26
2002	2	649.1	656.5	22	636.9	3
2002	3	648.7	656.7	19	640.6	3
2002	4	649.3	655.9	20	641.8	4
2002	5	649.6	655.8	15	637.0	19
2002	6	649.7	655.5	24	641.5	21
2002	7	649.5	653.7	18	644.8	21
2002	8	651.8	658.4	29	646.0	17
2002	9	652.5	657.0	20	646.9	17
2002	10	652.6	660.5	6	643.8	18
2002	11	652.7	659.6	5	641.4	1
2002	12	649.4	659.6	13	638.9	31
2003	1	649.4	662.4	18	638.6	25
2003	2	647.5	654.4	22	640.8	3
2003	3	647.5	656.1	24	632.3	4
2003	4	650.1	657.4	14	642.1	21
2003	5	—	654.3	11	639.0	4
2003	6	—	655.0	1	643.2	6
2003	7	—	—	—	—	—
2003	8	—	—	—	—	—
2003	9	—	—	—	—	—
2003	10	—	—	—	—	—
2003	11	—	—	—	—	—
2003	12	—	—	—	—	—
2004	1	646.7	656.6	10	641.1	30
2004	2	647.0	659.0	13	636.2	2
2004	3	—	—	—	—	—
2004	4	649.6	656.7	20	642.3	9
2004	5	647.9	658.3	7	639.8	12
2004	6	648.9	654.5	13	642.7	23
2004	7	650.0	656.2	14	644.2	10
2004	8	657.0	647.0	22	646.5	27
2004	9	653.0	661.3	13	647.2	21
2004	10	652.9	659.7	19	647.3	4
2004	11	651.6	658.5	20	644.2	18
2004	12	650.3	659.8	13	637.5	27
2005	1	645.7	656.8	5	635.4	10
2005	2	646.2	655.4	11	635.0	16
2005	3	648.0	657.3	14	639.9	22
2005	4	649.1	657.3	5	615.1	27
2005	5	648.5	654.1	22	640.3	11
2005	6	648.3	656.1	2	640.9	1

（续）

年份	月	平均气压	最高气压	最高气压出现日期	最低气压	最低气压出现日期
2005	7	650.1	654.7	14	641.2	17
2005	8	650.0	654.4	28	641.8	13
2005	9	653.0	658.3	8	644.3	20
2005	10	652.0	658.9	24	643.7	26
2005	11	649.6	656.9	11	641.7	18
2005	12	649.5	659.7	27	639.9	1
2006	1	647.9	659.2	31	635.7	22
2006	2	648.8	658.7	1	636.6	28
2006	3	647.4	657.0	9	636.6	1
2006	4	648.8	659.0	28	639.6	10
2006	5	650.6	657.3	14	642.2	30
2006	6	649.4	656.2	22	642.0	12
2006	7	650.6	655.1	24	646.0	1
2006	8	651.8	657.3	5	647.0	27
2006	9	652.4	659.3	13	647.4	11
2006	10	653.5	661.8	25	644.1	4
2006	11	650.4	660.2	7	638.0	23
2006	12	650.0	659.3	20	639.0	12
2007	1	645.6	659.6	24	635.1	13
2007	2	646.6	656.2	10	637.8	16
2007	3	647.1	657.9	28	636.1	7
2007	4	650.4	657.7	18	643.4	3
2007	5	649.5	657.1	1	640.9	25
2007	6	649.3	659.6	22	639.5	16
2007	7	649.4	654.5	31	634.4	2
2007	8	651.0	655.6	20	645.3	14
2007	9	651.7	659.6	17	645.0	5
2007	10	650.9	660.0	28	637.7	10
2007	11	652.2	658.4	26	644.2	30
2007	12	648.5	659.3	5	640.8	10
2008	1	644.3	657.9	8	631.5	29
2008	2	644.1	658.2	28	631.0	8
2008	3	647.8	656.3	7	639.9	28

表 4-147　人工观测气象要素——空气温度

年	月	日平均值月平均	日最大值月平均	日最小值月平均	月极大值	极大值日期	月极小值	极小值日期
1993	8	15.4	21.2	10.2	24.0	11	6.8	31
1993	9	12.5	18.9	6.7	21.8	8	3.5	2
1993	10	9.8	17.7	1.6	20.5	11	−2.5	25
1993	11	3.3	11.6	−4.8	14.7	19	−8.4	10
1993	12	−0.4	8.9	−8.0	15.3	8	−10.7	17
1994	1	0.5	9.2	−8.0	14.6	29	−11.8	9
1994	2	1.2	8.5	−7.2	15.4	21	−11.7	7
1994	3	4.6	11.4	−3.6	18.3	20	−10.0	2
1994	4	8.4	15.2	1.2	19.8	9	−2.4	4
1994	5	13.0	19.8	5.4	24.5	28	0.6	18
1994	6	16.0	22.5	9.1	26.2	12	5.2	8

（续）

年	月	日平均值月平均	日最大值月平均	日最小值月平均	月极大值	极大值日期	月极小值	极小值日期
1994	7	17.1	24.0	9.2	27.4	15	5.2	1
1994	8	15.6	22.3	9.6	25.2	7	7.8	25
1994	9	14.1	21.4	7.5	24.5	2	4.0	29
1994	10	9.5	18.1	0.4	22.0	12	−3.9	28
1994	11	2.0	9.2	−4.7	16.8	6	−8.4	27
1994	12	−0.9	7.9	−8.0	15.2	15	−12.0	24
1995	1	−2.0	5.3	−9.5	9.1	10	−14.0	3
1995	2	0.6	7.2	−6.5	13.0	25	−12.0	19
1995	3	6.8	14.4	−2.1	19.8	23	−7.1	1
1995	4	8.8	16.0	1.1	21.7	30	−4.5	8
1995	5	16.8	23.6	8.1	27.9	19	2.4	9
1995	6	17.4	24.5	9.8	28.5	9	5.5	20
1995	7	15.7	21.6	9.3	25.4	29	5.6	9
1995	8	14.6	20.7	8.8	24.0	9	5.2	17
1995	9	13.2	19.6	7.5	23.5	3	3.2	30
1995	10	9.3	17.7	1.1	20.0	17	−3.0	27
1995	11	3.8	12.6	−4.2	17.5	11	−8.5	30
1995	12	0.8	9.3	−7.4	13.6	14	−10.0	27
1996	1	0.7	8.8	−7.9	18.0	28	−11.9	24
1996	2	1.2	9.1	−7.6	13.5	14	−13.0	4
1996	3	6.0	13.7	−3.2	20.0	29	−10.2	2
1996	4	9.2	16.8	−0.1	22.8	21	−6.4	5
1996	5	12.4	18.9	5.1	24.5	5	0.0	14
1996	6	14.1	20.4	7.2	25.7	16	1.5	9
1996	7	17.9	21.8	10.0	25.0	31	7.6	12
1996	8	15.0	21.6	8.5	24.0	12	5.7	30
1996	9	12.8	19.8	7.1	23.8	1	3.4	20
1996	10	9.8	17.9	1.7	22.2	6	−2.7	22
1996	11	4.6	13.9	−4.2	17.5	7	−8.4	29
1996	12	−1.2	9.7	−9.8	17.3	5	−12.7	31
1997	1	−3.1	5.6	−11.0	9.5	28	−17.2	18
1997	2	1.1	8.2	−6.5	18.2	12	−10.6	24
1997	3	4.9	11.8	−2.5	16.8	13	−8.8	1
1997	4	6.3	12.9	−0.4	18.3	29	−4.0	1
1997	5	12.1	19.1	4.6	23.0	15	1.5	4
1997	6	14.6	21.6	7.9	25.6	15	4.1	1
1997	7	16.2	22.5	8.9	26.0	30	5.3	21
1997	8	15.5	22.3	8.7	26.5	8	4.0	21
1997	9	12.4	19.2	6.8	22.3	1	1.3	26
1997	10	6.9	14.2	−0.2	18.4	7	−4.0	26
1997	11	2.9	11.0	−4.3	13.8	17	−7.5	14
1997	12	−0.8	7.1	−7.6	11.7	1	−11.6	20
1998	1	−0.7	8.3	−8.7	13.5	15	−14.4	23
1998	2	2.1	9.7	−6.0	16.0	25	−10.7	9
1998	3	3.8	11.1	−3.7	16.7	17	−8.7	3
1998	4	7.8	15.2	0.7	20.3	27	−4.2	1
1998	5	14.2	21.7	5.5	28.3	21	0.3	12

（续）

年	月	日平均值月平均	日最大值月平均	日最小值月平均	月极大值	极大值日期	月极小值	极小值日期
1998	6	18.1	25.4	9.9	29.3	20	6.0	3
1998	7	15.5	22.1	10.6	25.0	19	6.0	12
1998	8	14.0	19.9	9.1	24.3	8	0.0	5
1998	9	14.1	20.5	7.7	23.0	24	4.0	29
1998	10	11.3	19.1	3.7	22.5	17	−2.6	29
1998	11	5.4	13.9	−2.7	18.3	28	−5.8	13
1998	12	−0.8	7.5	−7.6	16.5	1	−11.2	26
1999	1	−1.6	7.5	−9.7	16.5	27	−15.2	11
1999	2	3.7	12.4	−5.2	17.5	15	−8.0	8
1999	3	7.0	15.4	−2.7	25.5	19	−6.9	2
1999	4	12.4	20.1	2.6	25.6	22	−2.7	10
1999	5	13.3	20.0	5.8	26.0	31	1.5	8
1999	6	16.3	23.0	9.5	27.1	15	6.0	3
1999	7	15.7	22.0	9.4	27.1	21	4.5	20
1999	8	14.1	20.1	8.9	25.0	6	6.2	28
1999	9	12.8	19.2	7.1	21.0	24	2.6	24
1999	10	—	—	—	—	—	—	—
1999	11	—	—	—	—	—	—	—
1999	12	—	—	—	—	—	—	—
2000	1	−1.1	6.2	−8.2	11.0	15	−12.3	31
2000	2	1.0	7.8	−6.6	13.3	12	−9.5	9
2000	3	4.2	10.9	−2.8	18.9	31	−7.5	4
2000	4	8.8	15.6	0.9	18.5	1	−3.5	12
2000	5	12.2	19.1	5.2	25.3	14	−0.3	3
2000	6	16.6	23.1	9.8	26.3	9	4.7	2
2000	7	14.6	20.1	9.5	23.5	19	7.7	11
2000	8	14.0	19.5	9.2	22.3	8	7.5	2
2000	9	12.4	19.2	6.2	22.5	12	0.3	30
2000	10	8.8	17.0	0.9	22.2	7	−5.0	30
2000	11	4.0	13.4	−4.3	17.3	3	−8.0	27
2000	12	−0.9	8.8	−8.1	16.5	19	−11.0	13
2001	1	0.4	10.1	−8.5	20.0	31	−12.7	7
2001	2	3.6	11.7	−5.3	19.7	1	−8.8	23
2001	3	4.2	11.0	−3.1	16.5	22	−7.3	7
2001	4	7.6	14.8	0.4	18.0	17	−2.8	27
2001	5	12.1	18.5	4.9	23.3	23	0.3	2
2001	6	14.2	20.3	7.7	24.5	19	2.0	2
2001	7	15.8	21.6	9.2	25.3	7	6.3	5
2001	8	14.7	20.8	9.5	24.0	13	7.3	26
2001	9	13.5	20.5	7.7	22.5	22	4.5	24
2001	10	8.8	16.5	1.4	20.0	13	−3.0	22
2001	11	3.2	12.9	−4.5	18.3	3	−9.4	29
2001	12	0.0	9.8	−8.1	15.8	4	−11.3	24
2002	1	−1.7	7.2	−8.8	14.0	26	−13.5	11
2002	2	2.7	11.3	−5.8	17.5	2	−10.0	2
2002	3	5.0	12.5	−2.7	17.3	21	−9.0	7
2002	4	8.3	15.5	0.5	21.3	18	−5.1	4

（续）

年	月	日平均值月平均	日最大值月平均	日最小值月平均	月极大值	极大值日期	月极小值	极小值日期
2002	5	11.4	18.0	3.6	23.5	31	−2.0	1
2002	6	15.6	23.8	8.6	28.4	27	5.2	1
2002	7	15.4	21.3	10.3	25.3	13	7.8	18
2002	8	14.5	20.7	8.3	24.5	16	5.7	19
2002	9	12.5	19.5	6.4	23.0	1	2.0	23
2002	10	7.9	15.7	1.1	22.0	3	−3.5	31
2002	11	3.5	11.8	−3.8	16.0	1	−7.7	22
2002	12	−0.3	9.8	−7.8	30.3	2	−12.5	31
2003	1	−1.3	8.2	−9.4	13.0	25	−14.0	15
2003	2	0.5	7.8	−6.7	13.0	18	−10.0	15
2003	3	4.8	12.5	−2.6	19.5	14	−8.2	9
2003	4	9.1	16.4	1.0	22.5	25	−3.0	14
2003	5	11.1	18.2	4.2	23.5	28	−0.6	8
2003	6	6.6	9.8	3.7	23.5	12	0.0	14
2003	7	—	—	—	—	—	—	—
2003	8	—	—	—	—	—	—	—
2003	9	—	—	—	—	—	—	—
2003	10	—	—	—	—	—	—	—
2003	11	—	—	—	—	—	—	—
2003	12	—	—	—	—	—	—	—
2004	1	−1.7	7.0	−9.7	11.1	2	−12.6	25
2004	2	0.5	9.8	−8.3	15.7	27	−12.7	8
2004	3	8.2	16.4	−1.7	23.6	23	−6.2	8
2004	4	8.1	15.6	0.5	22.1	21	−3.4	8
2004	5	13.8	21.3	5.5	27.5	17	−0.1	7
2004	6	15.2	21.6	8.0	25.2	26	5.8	1
2004	7	13.9	20.0	9.0	23.8	4	7.3	21
2004	8	15.3	21.4	8.4	24.0	24	6.6	14
2004	9	13.6	21.0	5.5	23.2	23	0.5	16
2004	10	1.4	2.1	0.6	2.4	1	0.1	24
2004	11	1.9	9.4	−5.0	13.6	11	−7.5	24
2004	12	−0.5	7.9	−7.5	12.7	31	−11.5	28
2005	1	−1.3	7.1	−9.7	14.2	2	−16.3	12
2005	2	2.8	10.0	−6.2	15.0	21	−11.2	6
2005	3	5.9	13.3	−2.3	16.8	16	−5.5	8
2005	4	8.8	15.6	1.1	19.5	15	−2.8	5
2005	5	10.5	17.2	3.1	25.1	31	0.0	22
2005	6	16.0	22.5	8.6	25.3	11	5.0	6
2005	7	16.7	23.0	9.7	26.8	7	7.1	13
2005	8	15.8	21.9	10.1	25.4	14	7.0	30
2005	9	13.5	21.6	6.2	36.3	6	2.6	9
2005	10	8.6	16.5	0.8	22.1	1	−4.0	30
2005	11	3.4	13.1	−6.2	17.1	15	−9.6	29
2005	12	−0.5	9.3	−9.2	15.0	2	−12.9	31
2006	1	1.6	11.8	−8.5	17.8	21	−12.1	1
2006	2	4.0	13.5	−6.4	20.1	28	−11.0	5
2006	3	5.3	12.8	−3.0	17.5	25	−6.5	2

（续）

年	月	日平均值月平均	日最大值月平均	日最小值月平均	月极大值	极大值日期	月极小值	极小值日期
2006	4	7.7	15.1	−1.0	21.1	10	−4.3	20
2006	5	12.2	19.3	4.1	23.9	27	−1.9	2
2006	6	16.7	22.9	9.4	25.6	5	7.1	1
2006	7	17.1	23.6	10.1	26.6	21	7.4	22
2006	8	16.1	23.4	8.6	26.4	17	4.6	10
2006	9	13.5	21.6	6.2	34.1	3	2.5	21
2006	10	7.8	15.5	0.1	23.4	2	−4.7	28
2006	11	3.0	10.9	−4.5	16.2	30	−10.0	27
2006	12	0.3	9.7	−8.4	14.6	6	−12.0	31
2007	1	1.2	10.6	−8.5	18.6	3	−13.0	24
2007	2	0.2	7.7	−7.9	12.9	23	−11.6	3
2007	3	6.8	14.8	−3.1	20.9	31	−8.6	17
2007	4	9.0	16.3	0.5	20.5	19	−2.7	15
2007	5	14.7	22.4	5.8	27.9	23	1.5	5
2007	6	15.2	23.0	7.2	26.5	20	4.0	11
2007	7	16.5	23.1	10.1	27.9	7	7.9	31
2007	8	15.5	21.7	9.3	26.0	12	5.4	2
2007	9	13.2	19.9	6.7	22.6	11	3.0	21
2007	10	11.0	19.7	1.9	23.4	28	−3.0	25
2007	11	3.5	11.9	−4.5	16.7	5	−8.5	30
2007	12	0.2	10.4	−9.1	15.5	26	−12.5	31
2008	1	1.0	8.5	−8.3	13.5	17	−12.6	5
2008	2	1.2	9.1	−8.7	16.0	7	−17.7	2
2008	3	5.2	11.9	−2.5	16.6	13	−7.4	8
2008	4	9.4	17.1	0.4	23.2	26	−3.1	3
2008	5	12.6	19.3	−0.8	23.5	27	−4.0	4
2008	6	14.9	21.5	2.9	26.0	17	−2.4	26
2008	7	15.3	21.7	3.2	24.6	9	−0.3	5
2008	8	14.2	20.3	2.7	23.2	23	0.5	5
2008	9	13.2	19.9	0.5	22.7	1	−1.5	17
2008	10	8.0	15.8	−6.0	21.5	1	−9.5	23
2008	11	3.3	11.9	−4.1	17.0	16	−8.0	23
2008	12	0.4	10.5	−7.6	20.0	22	−13.0	31

表 4-148　人工观测气象要素——干球温度

单位：℃

年份	月份	平均干球温度	日最高干球温度月平均值	日最低干球温度月平均值	最高干球温度极值	最高干球温度极值出现日期	最低干球温度极值	最低干球温度极值出现日期
1993	8	14.7	21.2	10.3	24.0	11	6.8	31
1993	9	11.7	18.9	6.7	21.8	18	3.5	2
1993	10	9.0	17.7	1.6	20.5	11	−2.5	25
1993	11	2.5	11.7	−4.8	14.7	19	−8.4	10
1993	12	−1.3	8.9	−8.0	15.3	8	−10.7	17
1994	1	0.0	9.2	−8.0	14.6	27	−11.8	9
1994	2	0.6	8.5	−7.2	15.4	21	−11.7	7
1994	3	3.9	11.4	−3.6	18.3	20	−10.0	2
1994	4	8.0	15.2	1.1	19.8	9	−2.4	4

（续）

年份	月份	平均干球温度	日最高干球温度月平均值	日最低干球温度月平均值	最高干球温度极值	最高干球温度极值出现日期	最低干球温度极值	最低干球温度极值出现日期
1994	5	12.3	19.8	5.4	24.5	28	0.9	1
1994	6	15.2	22.5	9.1	26.2	12	5.2	8
1994	7	16.3	24.0	9.2	27.4	15	5.2	1
1994	8	14.8	22.3	9.6	24.7	11	7.8	25
1994	9	13.3	21.4	7.5	24.5	2	4.0	29
1994	10	8.5	18.1	0.3	22.0	12	−3.9	28
1994	11	1.3	9.2	−4.7	16.8	6	−8.4	27
1994	12	−1.5	7.8	−8.0	15.2	15	−12.0	24
1995	1	−2.5	5.3	−9.5	9.1	10	−14.0	3
1995	2	0.0	7.2	−6.5	13.0	25	−12.0	19
1995	3	6.2	14.4	−2.1	19.8	23	−7.1	1
1995	4	8.2	16.0	2.1	21.7	30	−4.5	8
1995	5	16.0	23.6	8.1	27.9	19	2.7	3
1995	6	16.5	24.5	9.8	28.5	9	5.5	20
1995	7	14.8	21.6	9.3	25.4	29	5.6	9
1995	8	13.9	20.9	8.8	24.0	9	5.2	17
1995	9	12.6	19.6	7.5	23.5	3	3.2	30
1995	10	8.4	17.7	1.5	20.0	17	3.0	27
1995	11	3.1	12.6	−4.3	17.5	11	−8.5	30
1995	12	−0.2	9.3	−7.4	13.6	14	−10.0	27
1996	1	−0.2	8.5	−8.0	18.0	28	−11.9	24
1996	2	0.5	9.1	−7.6	13.5	14	−13.0	4
1996	3	5.1	13.7	−3.2	20.0	19	−10.2	1
1996	4	8.4	16.8	0.0	22.8	21	−6.4	5
1996	5	11.8	19.8	5.1	24.5	5	0.0	14
1996	6	13.4	20.4	7.2	25.7	16	1.5	9
1996	7	15.2	21.8	10.0	25.0	31	7.6	12
1996	8	14.5	21.6	8.5	24.0	12	5.7	30
1996	9	12.1	19.8	7.1	23.8	1	3.4	20
1996	10	8.9	17.9	1.7	22.2	6	−2.7	22
1996	11	3.7	13.9	−4.2	17.5	7	−8.4	29
1996	12	−2.0	9.7	−9.8	17.3	5	−12.7	31
1997	1	−3.9	5.6	−11.0	9.5	28	−17.2	18
1997	2	0.5	8.2	−6.5	18.2	12	−10.6	24
1997	3	4.2	11.8	−2.5	16.8	13	−8.8	1
1997	4	5.5	12.9	−0.5	18.3	29	−4.0	1
1997	5	11.2	19.1	4.6	23.0	15	1.5	4
1997	6	13.8	21.6	7.9	25.6	15	4.1	1
1997	7	15.3	22.5	8.9	26.0	30	5.3	21
1997	8	14.5	22.3	8.7	26.5	8	4.0	21
1997	9	11.7	19.2	6.8	22.3	1	1.3	25
1997	10	6.0	14.2	−0.2	18.4	7	−4.0	26
1997	11	2.2	11.0	−4.3	13.8	17	−7.5	14
1997	12	−1.4	7.1	−7.6	11.7	1	−11.6	20
1998	1	−1.3	8.3	−8.7	13.5	15	−14.4	23
1998	2	1.5	9.7	−6.0	16.0	25	−10.7	9
1998	3	3.3	11.1	−3.7	16.7	17	−8.7	3

（续）

年份	月份	平均干球温度	日最高干球温度月平均值	日最低干球温度月平均值	最高干球温度极值	最高干球温度极值出现日期	最低干球温度极值	最低干球温度极值出现日期
1998	4	6.9	15.2	0.5	20.3	27	−4.2	1
1998	5	13.3	21.7	5.5	28.3	21	0.3	1
1998	6	17.4	25.4	9.9	29.3	20	6.0	3
1998	7	15.2	22.1	10.7	25.0	19	6.0	12
1998	8	14.4	20.6	9.8	24.3	8	2.2	7
1998	9	13.2	20.5	7.7	23.0	24	4.0	29
1998	10	10.3	19.1	3.7	22.5	17	−2.6	29
1998	11	4.0	13.9	−3.0	18.3	28	−5.8	13
1998	12	−1.4	7.5	−7.4	16.5	1	−11.2	26
1999	1	−1.6	7.5	−9.3	16.5	27	−15.2	11
1999	2	2.8	12.4	−5.2	17.5	15	−7.5	16
1999	3	6.0	15.4	−2.4	25.5	19	−6.9	2
1999	4	11.2	20.1	2.6	25.6	22	−2.7	10
1999	5	12.5	20.0	5.8	26.0	31	1.5	8
1999	6	15.7	23.0	9.5	27.1	15	6.0	3
1999	7	14.8	22.0	9.6	27.1	21	4.5	20
1999	8	13.5	20.1	8.9	25.0	6	6.2	28
1999	9	11.9	19.2	7.2	21.0	24	2.6	24
1999	10	—	—	—	—	—	—	—
1999	11	—	—	—	—	—	—	—
1999	12	—	—	—	—	—	—	—
2000	1	−1.7	6.2	−8.2	11.0	15	−12.3	31
2000	2	0.6	7.8	−6.6	13.3	12	−9.5	9
2000	3	3.5	10.9	−2.7	18.9	31	−7.5	7
2000	4	7.9	15.6	0.9	18.5	1	−3.5	12
2000	5	11.5	19.1	5.3	25.3	14	−0.3	3
2000	6	15.9	23.1	9.8	26.3	9	4.7	2
2000	7	13.9	20.1	9.8	23.5	19	7.7	11
2000	8	13.2	19.3	9.3	22.3	8	7.5	2
2000	9	11.4	19.2	6.2	22.5	12	1.0	30
2000	10	7.8	17.0	0.9	22.2	7	−5.0	30
2000	11	3.1	13.3	−4.3	17.3	3	−8.0	27
2000	12	−1.5	8.8	−8.1	16.5	19	−11.0	13
2001	1	−0.6	10.1	−8.5	20.0	31	−12.7	7
2001	2	2.9	11.7	−5.3	19.7	1	−8.8	23
2001	3	3.5	11.0	−3.1	16.5	22	−7.3	7
2001	4	6.8	14.8	10.4	18.0	17	−2.8	27
2001	5	11.2	18.5	5.0	23.3	23	0.3	2
2001	6	13.4	20.2	7.7	24.5	19	2.0	2
2001	7	14.8	21.6	9.2	25.3	7	6.3	5
2001	8	14.0	20.8	9.5	24.0	13	7.3	26
2001	9	12.6	20.4	7.7	22.5	22	4.5	24
2001	10	8.4	16.5	1.5	20.0	13	−3.0	22
2001	11	2.3	12.9	−4.5	18.3	3	−9.4	29
2001	12	−0.7	9.8	−8.1	15.8	4	−11.3	24
2002	1	−2.3	7.2	−8.7	14.0	26	−13.5	11
2002	2	1.9	11.3	−5.7	17.5	2	−10.0	5

（续）

年份	月份	平均干球温度	日最高干球温度月平均值	日最低干球温度月平均值	最高干球温度极值	最高干球温度极值出现日期	最低干球温度极值	最低干球温度极值出现日期
2002	3	4.2	12.5	−2.7	17.3	21	−9.0	7
2002	4	7.5	15.5	0.5	21.3	18	−5.1	4
2002	5	10.3	18.0	3.6	23.5	31	−2.0	1
2002	6	15.0	23.8	8.6	28.4	27	5.2	1
2002	7	14.8	21.3	10.3	25.3	13	7.8	18
2002	8	13.6	20.7	8.3	24.5	16	5.7	19
2002	9	11.6	19.5	6.4	23.0	1	2.0	23
2002	10	7.0	15.5	1.1	22.0	3	−3.5	31
2002	11	2.5	10.9	−3.8	16.0	1	−7.7	22
2002	12	−1.0	9.8	−7.8	30.3	2	−12.5	31
2003	1	−2.2	7.5	−9.4	13.0	24	−14.0	15
2003	2	−0.1	7.8	−6.7	13.0	18	−10.0	15
2003	3	4.1	11.9	−2.6	19.5	14	−8.2	9
2003	4	8.2	16.4	1.0	22.5	25	−3.0	14
2003	5	—	18.0	4.2	23.5	29	−0.6	8
2003	6	—	9.5	3.7	23.5	12	3.0	7
2003	7	—	—	—	—	—	—	—
2003	8	—	—	—	—	—	—	—
2003	9	—	—	—	—	—	—	—
2003	10	—	—	—	—	—	—	—
2003	11	—	—	—	—	—	—	—
2003	12	—	—	—	—	—	—	—
2004	1	−2.5	7.0	−9.7	11.1	0	−12.6	25
2004	2	−0.2	9.8	−8.3	15.7	2	−12.7	8
2004	3	—	—	—	—	—	—	—
2004	4	7.2	15.6	0.5	22.1	2	−3.4	8
2004	5	13.0	21.3	5.5	27.5	1	−0.1	7
2004	6	14.3	21.6	8.0	25.2	2	5.8	1
2004	7	13.3	20.0	9.0	23.8	0	7.3	21
2004	8	14.5	21.4	8.4	24.0	2	6.6	14
2004	9	12.6	21.0	5.5	23.2	2	0.5	16
2004	10	6.8	15.1	0.4	21.0	0	−0.7	23
2004	11	2.0	10.6	−4.6	13.6	1	−7.4	18
2004	12	−1.2	7.9	−7.5	12.7	3	−11.5	28
2005	1	−1.3	7.0	−9.7	14.2	2	−16.3	12
2005	2	2.8	10.0	−6.2	15.0	21	−11.2	6
2005	3	5.9	13.3	−2.3	16.8	16	−5.5	8
2005	4	8.9	15.6	—	19.5	15	0.1	17
2005	5	10.5	17.2	3.1	25.1	31	0.0	22
2005	6	16.0	21.9	8.6	25.3	11	5.0	6
2005	7	16.7	23.0	9.7	26.8	7	7.1	13
2005	8	15.8	21.9	10.1	25.4	14	7.0	30
2005	9	13.5	21.6	6.2	36.3	6	2.6	9
2005	10	8.6	16.5	0.8	22.1	1	−4.0	30
2005	11	3.4	13.1	−6.2	17.1	15	−9.6	29
2005	12	−0.5	9.3	−9.2	15.0	2	−12.9	31
2006	1	1.6	11.5	−8.5	17.8	21	−12.1	1

（续）

年份	月份	平均干球温度	日最高干球温度月平均值	日最低干球温度月平均值	最高干球温度极值	最高干球温度极值出现日期	最低干球温度极值	最低干球温度极值出现日期
2006	2	4.0	13.5	−6.4	20.1	28	−11.0	5
2006	3	5.3	12.8	−3.0	17.5	25	−6.5	2
2006	4	7.7	15.1	−1.0	21.1	10	−4.3	20
2006	5	12.2	19.3	4.1	23.9	27	−1.9	2
2006	6	16.7	22.9	9.4	25.6	5	7.1	1
2006	7	17.1	23.6	10.1	26.6	21	7.4	22
2006	8	16.1	23.4	8.6	26.4	17	4.6	10
2006	9	13.5	21.6	6.2	34.1	3	2.5	21
2006	10	7.8	15.5	0.1	23.4	2	−4.7	28
2006	11	3.0	10.9	−4.5	16.2	30	−10.0	27
2006	12	0.3	9.7	−8.4	14.6	6	−12.0	31
2007	1	1.2	10.6	−8.5	18.6	3	−13.0	24
2007	2	0.2	7.7	−7.9	12.9	23	−11.6	3
2007	3	6.8	14.5	−3.1	20.9	31	−8.6	17
2007	4	9.0	16.3	0.5	20.5	19	−2.7	15
2007	5	14.7	22.4	5.8	27.9	23	1.5	5
2007	6	15.2	23.0	7.2	26.5	20	4.0	11
2007	7	16.5	23.1	10.1	27.9	7	7.9	31
2007	8	15.5	21.7	9.3	26.0	12	5.4	2
2007	9	13.2	19.9	6.7	22.6	11	3.0	21
2007	10	11.0	19.7	1.9	23.4	28	−3.0	25
2007	11	3.5	11.9	−4.5	16.7	5	−8.5	30
2007	12	0.2	10.4	−9.1	15.5	26	−12.5	31
2008	1	1.0	8.5	−8.3	13.5	17	−12.6	5
2008	2	1.2	9.1	−8.7	16.0	7	−17.7	2
2008	3	5.2	11.9	−2.5	16.6	13	−7.4	8

表 4-149 人工观测气象要素——相对湿度

单位：%

年份	月	相对湿度平均值	最低相对湿度	最低相对湿度出现日期	年份	月	相对湿度平均值	最低相对湿度	最低相对湿度出现日期
1993	1	61.0	25.0	16	1994	5	45.0	8.0	18
1993	2	44.0	26.0	3	1994	6	56.0	26.0	5
1993	3	47.0	7.0	30	1994	7	61.0	26.0	8
1993	4	44.0	4.0	12	1994	8	57.0	28.0	10
1993	5	52.0	7.0	27	1994	9	59.0	20.0	28
1993	6	52.0	21.0	2	1994	10	48.0	9.0	9
1993	7	61.0	22.0	7	1994	11	43.0	8.0	17
1993	8	70.0	26.0	4	1994	12	32.0	12.0	15
1993	9	64.0	24.0	8	1995	1	30.0	9.0	2
1993	10	61.0	16.0	27	1995	2	31.0	7.0	22
1993	11	35.0	8.0	14	1995	3	24.0	2.0	5
1993	12	34.0	9.0	2	1995	4	34.0	4.0	17
1994	1	29.0	9.0	23	1995	5	36.0	1.0	28
1994	2	24.0	3.0	14	1995	6	50.0	7.0	1
1994	3	26.0	6.0	7	1995	7	62.0	25.0	9
1994	4	32.0	5.0	10	1995	8	68.0	27.0	12

（续）

年份	月	相对湿度平均值	最低相对湿度	最低相对湿度出现日期	年份	月	相对湿度平均值	最低相对湿度	最低相对湿度出现日期
1995	9	65.0	27.0	19	1999	10	53.0	12.0	15
1995	10	42.0	5.0	28	1999	11	42.0	2.0	22
1995	11	33.0	5.0	30	1999	12	37.0	2.0	2
1995	12	25.0	5.0	1	2000	1	39.0	10.0	12
1996	1	—	—	—	2000	2	41.0	1.0	18
1996	2	—	—	—	2000	3	44.0	3.0	12
1996	3	—	—	—	2000	4	51.0	8.0	18
1996	4	—	—	—	2000	5	47.0	5.0	13
1996	5	—	—	—	2000	6	59.0	9.0	7
1996	6	—	—	—	2000	7	59.0	16.0	19
1996	7	—	—	—	2000	8	60.0	19.0	21
1996	8	71.0	25.0	30	2000	9	45.0	15.0	21
1996	9	68.0	25.0	22	2000	10	51.0	4.0	9
1996	10	42.0	4.0	20	2000	11	44.0	8.0	17
1996	11	50.0	9.0	24	2000	12	32.0	5.0	29
1996	12	46.0	1.0	2	2001	1	29.0	1.0	19
1997	1	41.0	4.0	9	2001	2	30.0	7.0	26
1997	2	39.0	2.0	9	2001	3	37.0	7.0	10
1997	3	42.0	1.0	6	2001	4	48.0	6.0	11
1997	4	40.0	0.0	26	2001	5	43.0	2.0	2
1997	5	51.0	9.0	27	2001	6	46.0	15.0	5
1997	6	59.0	19.0	8	2001	7	69.0	26.0	12
1997	7	52.0	10.0	14	2001	8	81.0	49.0	8
1997	8	63.0	14.0	23	2001	9	69.0	23.0	27
1997	9	65.0	24.0	29	2001	10	56.0	9.0	28
1997	10	45.0	0.0	19	2001	11	41.0	7.0	27
1997	11	50.0	8.0	6	2001	12	45.0	12.0	31
1997	12	43.0	6.0	11	2002	1	35.0	0.0	7
1998	1	37.0	7.0	10	2002	2	33.0	0.0	20
1998	2	43.0	10.0	3	2002	3	29.0	0.0	18
1998	3	31.0	8.0	12	2002	4	34.0	1.0	3
1998	4	35.0	3.0	12	2002	5	51.0	5.0	9
1998	5	40.0	13.0	21	2002	6	60.0	14.0	2
1998	6	59.0	24.0	16	2002	7	76.0	34.0	17
1998	7	68.0	20.0	18	2002	8	78.0	32.0	14
1998	8	70.0	24.0	16	2002	9	71.0	20.0	18
1998	9	68.0	28.0	24	2002	10	—	—	—
1998	10	52.0	6.0	25	2002	11	—	—	—
1998	11	43.0	4.0	17	2002	12	—	—	—
1998	12	36.0	1.0	23	2003	1	29.0	3.0	31
1999	1	33.0	2.0	12	2003	2	28.0	1.0	11
1999	2	36.0	2.0	3	2003	3	35.0	3.0	24
1999	3	39.0	8.0	13	2003	4	36.0	1.0	2
1999	4	36.0	2.0	11	2003	5	—	—	—
1999	5	54.0	12.0	6	2003	6	54.0	22.0	15
1999	6	64.0	27.0	12	2003	7	74.0	41.0	19
1999	7	70.0	32.0	31	2003	8	77.0	34.0	9
1999	8	70.0	27.0	29	2003	9	68.0	19.0	19
1999	9	70.0	25.0	17	2003	10	49.0	10.0	29

（续）

年份	月	相对湿度平均值	最低相对湿度	最低相对湿度出现日期	年份	月	相对湿度平均值	最低相对湿度	最低相对湿度出现日期
2003	11	33.0	6.0	6	2006	6	—	28.0	0
2003	12	24.0	9.0	30	2006	7	—	—	—
2004	1	28.0	1.0	7	2006	8	—	—	—
2004	2	28.0	4.0	8	2006	9	—	—	—
2004	3	38.0	7.0	2	2006	10	—	—	—
2004	4	48.0	−9.0	9	2006	11	—	—	—
2004	5	48.0	7.0	2	2006	12	—	—	—
2004	6	64.0	20.0	3	2007	1	24.0	5.0	21
2004	7	68.0	15.0	5	2007	2	24.0	6.0	25
2004	8	72.0	30.0	13	2007	3	32.0	6.0	13
2004	9	68.0	32.0	30	2007	4	—	—	—
2004	10	—	21.0	17	2007	5	—	—	—
2004	11	—	10.0	5	2007	6	—	—	—
2004	12	28.0	3.0	5	2007	7	—	—	—
2005	1	27.0	1.0	17	2007	8	—	—	—
2005	2	26.0	2.0	27	2007	9	—	—	—
2005	3	31.0	3.0	11	2007	10	—	—	—
2005	4	45.0	10.0	18	2007	11	—	—	—
2005	5	52.0	14.0	12	2007	12	—	—	—
2005	6	61.0	11.0	1	2008	1	59.0	28.0	2
2005	7	74.0	34.0	17	2008	2	50.0	24.0	29
2005	8	71.0	27.0	12	2008	3	—	—	—
2005	9	71.0	28.0	20	2008	4	55.0	13.0	6
2005	10	52.0	11.0	30	2008	5	50.0	14.0	4
2005	11	38.0	7.0	19	2008	6	64.0	20.0	27
2005	12	33.0	9.0	9	2008	7	76.0	40.0	21
2006	1	33.0	5.0	10	2008	8	71.0	34.0	14
2006	2	34.0	5.0	27	2008	9	63.0	19.0	13
2006	3	33.0	4.0	6	2008	10	57.0	5.0	22
2006	4	43.0	3.0	7	2008	11	51.0	15.0	6
2006	5	—	7.0	5	2008	12	47.0	19.0	1

表 4-150 人工观测气象要素——风速

单位：m/s

年份	月	8 时月平均风速	14 时月平均风速	20 时月平均风速	月极大风速	极大风速出现日期	最多风向
1993	1	0.8	2.3	1.6	6.0	25	C
1993	2	0.6	1.5	0.9	3.0	24	C
1993	3	0.6	2.8	1.8	8.0	6	C
1993	4	0.4	2.1	1.3	5.0	10	C
1993	5	0.5	1.2	1.1	6.0	13	C
1993	6	0.5	1.2	1.2	6.0	13	C
1993	7	0.2	1.3	1.0	7.0	19	C
1993	8	0.4	1.2	0.6	5.0	20	C
1993	9	0.8	1.7	1.1	5.0	1	C
1993	10	0.5	2.1	1.2	3.0	3	C
1993	11	0.6	1.5	0.8	3.0	24	C
1993	12	1.0	1.6	0.8	4.0	11	C

（续）

年份	月	8时月平均风速	14时月平均风速	20时月平均风速	月极大风速	极大风速出现日期	最多风向
1994	1	1.4	1.5	1.2	4.0	24	C
1994	2	1.3	2.5	1.5	13.0	10	C
1994	3	0.9	1.8	2.0	5.0	26	C
1994	4	0.7	2.1	2.1	6.0	23	C
1994	5	1.1	1.9	1.6	6.0	25	C
1994	6	1.0	1.8	0.7	4.0	28	C
1994	7	0.9	1.5	1.1	5.0	10	C
1994	8	0.7	1.7	1.3	6.0	23	C
1994	9	1.1	1.8	1.8	6.0	17	C
1994	10	0.9	2.5	1.5	5.0	5	C
1994	11	1.1	2.3	1.3	7.0	19	C
1994	12	2.6	2.2	1.6	5.0	3	C
1995	1	1.6	2.1	1.2	6.0	6	C
1995	2	1.7	3.7	1.7	6.0	1	C
1995	3	1.8	3.4	2.5	7.0	2	W
1995	4	0.8	2.7	2.0	7.0	4	C
1995	5	0.8	3.6	2.3	8.0	2	C
1995	6	0.7	3.0	2.8	8.0	8	C
1995	7	1.3	2.5	2.1	8.0	13	C
1995	8	0.5	2.5	1.3	8.0	24	C
1995	9	0.9	1.7	1.3	8.0	9	C
1995	10	0.6	3.0	2.4	12.0	22	C
1995	11	2.5	2.1	1.5	8.0	8	C
1995	12	1.5	2.4	0.5	8.0	5	C
1996	1	—	—	—	—	—	—
1996	2	—	—	—	—	—	—
1996	3	—	—	—	—	—	—
1996	4	—	—	—	—	—	—
1996	5	—	—	—	—	—	—
1996	6	—	—	—	—	—	—
1996	7	—	—	—	—	—	—
1996	8	2.1	3.1	2.8	15.0	11	C/W
1996	9	1.9	3.5	2.3	10.0	25	C/ESE
1996	10	1.9	3.8	2.8	10.0	3	C/ESE/W
1996	11	3.4	2.3	2.2	8.0	1	C
1996	12	2.8	1.7	2.4	8.0	22	C/E
1997	1	2.4	3.5	3.2	12.0	30	C/SW
1997	2	2.2	4.0	2.0	15.0	22	C/E
1997	3	2.5	3.5	3.3	13.0	1	C/E
1997	4	2.4	4.1	4.1	12.0	11	C/E/W
1997	5	1.6	3.7	2.6	12.0	2	W/C
1997	6	2.7	3.2	3.8	13.0	18	E
1997	7	2.7	2.9	3.2	10.0	1	E
1997	8	2.1	3.2	3.1	7.0	24	C/W
1997	9	1.6	3.3	2.3	7.0	8	C/W
1997	10	2.1	3.6	2.8	9.0	1	C
1997	11	2.9	2.8	2.2	8.0	6	C/E
1997	12	3.2	2.1	2.2	10.0	15	C/E

（续）

年份	月	8时月平均风速	14时月平均风速	20时月平均风速	月极大风速	极大风速出现日期	最多风向
1998	1	2.2	3.2	3.0	11.0	10	C/E
1998	2	2.8	2.8	3.5	13.0	23	C/E
1998	3	2.4	4.2	3.2	11.0	8	C
1998	4	2.9	4.5	4.4	15.0	26	E
1998	5	1.8	4.2	3.8	12.0	15	W
1998	6	2.3	3.2	2.6	15.0	13	C
1998	7	1.9	2.8	2.2	11.0	6	C/E
1998	8	1.3	2.2	2.3	8.0	3	C/W
1998	9	1.9	2.7	3.2	14.0	26	C/W
1998	10	1.8	3.5	2.3	15.0	11	C/W
1998	11	1.8	3.4	1.8	10.0	26	C/W
1998	12	1.7	3.2	1.7	8.0	23	C/SE/W
1999	1	2.6	3.7	2.6	15.0	29	E
1999	2	1.8	4.2	2.8	13.0	27	C/W
1999	3	1.6	5.2	2.8	11.0	18	C/W
1999	4	2.2	5.2	3.2	10.0	2	C/SE
1999	5	1.7	3.5	3.5	9.0	31	C/E
1999	6	1.9	3.0	4.3	12.0	25	SE
1999	7	1.6	2.9	3.3	8.0	20	C/SE
1999	8	2.2	2.5	2.9	7.0	12	W
1999	9	2.1	3.3	3.3	7.0	18	E
1999	10	1.4	2.7	2.2	5.0	15	SE
1999	11	2.5	2.1	2.3	6.0	23	E
1999	12	1.8	2.0	1.6	6.0	12	C/E
2000	1	1.9	1.9	2.3	7.0	24	E
2000	2	1.8	2.9	3.4	10.0	6	E
2000	3	1.5	2.7	2.9	10.0	14	E/W
2000	4	1.8	3.2	4.4	11.0	13	E/SE
2000	5	1.5	4.1	3.2	10.0	12	C/E
2000	6	1.8	2.3	1.9	8.0	20	C/E
2000	7	1.5	2.0	2.1	6.0	5	C/W
2000	8	1.2	1.7	2.3	9.0	23	E
2000	9	1.3	2.0	1.8	8.0	29	W
2000	10	1.5	2.2	2.5	9.0	10	E
2000	11	1.7	2.0	2.8	9.0	1	E
2000	12	2.3	1.8	2.1	9.0	17	C/E
2001	1	2.7	2.5	2.5	8.0	23	E
2001	2	2.3	3.5	2.8	13.0	26	E
2001	3	1.3	2.9	3.3	12.0	1	C/E
2001	4	1.2	3.4	3.4	12.0	9	E
2001	5	1.5	2.1	2.7	10.0	6	W/C
2001	6	1.4	2.3	3.2	9.0	1	W
2001	7	1.7	1.9	1.6	4.0	16	E
2001	8	0.6	1.8	1.6	—	—	—
2001	9	1.4	2.4	1.8	5.0	26	SE/C
2001	10	1.5	3.5	1.8	6.0	19	SE
2001	11	1.9	3.4	2.4	8.0	1	C/E
2001	12	2.0	1.9	2.3	6.0	1	SE

（续）

年份	月	8时月平均风速	14时月平均风速	20时月平均风速	月极大风速	极大风速出现日期	最多风向
2002	1	2.1	2.7	2.1	8.0	9	C/E
2002	2	2.3	3.5	2.1	7.0	3	C/NE
2002	3	1.3	4.1	3.8	11.0	5	C/W
2002	4	2.3	3.1	2.8	8.0	6	C/W
2002	5	1.6	2.9	4.1	10.0	19	C
2002	6	1.4	2.7	3.2	12.0	8	C/W
2002	7	1.5	2.4	1.6	8.0	29	C/W
2002	8	1.8	2.7	3.9	20.0	3	C/W
2002	9	2.8	3.5	2.3	11.0	23	W
2002	10	—	—	—	—	—	—
2002	11	—	—	—	—	—	—
2002	12	—	—	—	—	—	—
2003	1	2.7	4.8	3.6	18.0	15	SE
2003	2	2.8	6.8	5.8	17.0	17	W
2003	3	2.3	5.9	5.3	15.0	19	W
2003	4	3.3	6.7	4.1	15.0	9	E
2003	5	2.9	5.1	5.4	18.0	27	SE
2003	6	1.5	4.5	3.7	12.0	29	W
2003	7	1.9	4.1	3.6	13.0	26	W
2003	8	2.0	5.2	4.4	12.0	27	W
2003	9	1.4	4.3	3.4	18.0	9	W
2003	10	2.2	5.1	3.4	16.0	3	E
2003	11	2.6	5.2	2.9	15.0	19	C/SE
2003	12	3.0	3.0	3.5	15.0	2	E
2004	1	3.1	4.3	3.3	15.0	19	—
2004	2	2.7	6.3	4.9	18.0	27	E/W
2004	3	2.0	4.9	4.8	17.0	10	E/SE
2004	4	2.1	5.9	4.5	18.0	18	E
2004	5	2.0	4.8	4.3	20.0	20	E
2004	6	3.2	4.3	3.5	13.0	8	E
2004	7	1.9	3.3	2.9	10.0	31	E
2004	8	2.2	4.4	2.5	12.0	27	W
2004	9	1.8	4.4	2.8	16.0	2	C/W
2004	10	1.6	4.1	2.6	10.0	18	W
2004	11	3.0	4.6	2.7	20.0	1	C/SE
2004	12	2.7	3.9	2.8	19.0	5	C/E
2005	1	2.8	4.1	3.1	12.0	16	E
2005	2	2.5	6.2	4.1	21.0	3	W
2005	3	3.1	5.9	4.7	15.0	24	SE
2005	4	1.8	3.7	5.2	14.0	1	C/E
2005	5	2.5	3.5	4.0	17.0	21	E
2005	6	1.7	2.3	3.6	13.0	4	C/W
2005	7	1.7	2.7	2.2	7.0	13	W
2005	8	1.4	3.4	2.4	13.0	27	C/W
2005	9	1.7	4.3	2.3	10.0	12	W
2005	10	2.2	5.2	3.0	10.0	30	—
2005	11	2.6	3.9	3.1	16.0	2	—
2005	12	1.8	3.0	1.6	8.0	19	—

（续）

年份	月	8时月平均风速	14时月平均风速	20时月平均风速	月极大风速	极大风速出现日期	最多风向
2006	1	2.7	3.5	1.7	19.0	26	—
2006	2	1.6	3.7	3.7	16.0	19	W
2006	3	2.3	4.6	4.4	20.0	4	W
2006	4	1.8	4.6	3.9	13.0	17	W
2006	5	2.2	5.3	5.5	15.0	5	W
2006	6	—	—	—	—	—	—
2006	7	—	—	—	—	—	—
2006	8	—	—	—	—	—	—
2006	9	—	—	—	—	—	—
2006	10	—	—	—	—	—	—
2006	11	—	—	—	—	—	—
2006	12	—	—	—	—	—	—
2007	1	1.9	4.4	3.0	12.0	11	C
2007	2	2.0	2.0	3.0	8.0	8	C
2007	3	1.5	3.8	2.4	8.0	14	C
2007	4	—	—	—	—	—	—
2007	5	—	—	—	—	—	—
2007	6	—	—	—	—	—	—
2007	7	—	—	—	—	—	—
2007	8	—	—	—	—	—	—
2007	9	—	—	—	—	—	—
2007	10	—	—	—	—	—	—
2007	11	—	—	—	—	—	—
2007	12	—	—	—	—	—	—
2008	1	2.5	3.7	3.4	15.0	27	W
2008	2	2.8	4.4	3.6	14.0	1	C/E
2008	3	—	—	—	—	—	—
2008	4	1.1	3.3	3.5	14.0	11	C/W
2008	5	1.4	4.5	1.9	13.0	2	C/W
2008	6	2.4	3.6	2.4	12.0	1	C/W
2008	7	1.5	2.3	2.6	7.0	10	C/W
2008	8	0.4	3.0	1.7	9.0	22	C/W
2008	9	0.7	2.8	2.0	10.0	10	C/W
2008	10	0.4	3.1	1.0	6.0	14	C/SE
2008	11	1.2	2.0	0.9	7.0	19	SE
2008	12	1.3	1.2	0.8	6.0	2	C/NE

表 4-151　人工观测气象要素——地表温度

单位：℃

年份	月	平均地表温度	最高地表温度极值	最高地表温度极值出现日期	最低地表温度极值	最低地表温度极值出现日期
1993	1	1.2	31.2	30	−19.8	13
1993	2	7.5	36.3	1	−14.6	26
1993	3	10.9	50.0	18	−12.9	1
1993	4	15.6	53.9	7	0.1	2
1993	5	17.6	51.9	30	0.6	9
1993	6	17.2	51.9	30	−1.3	22
1993	7	25.5	63.9	4	4.5	1

（续）

年份	月	平均地表温度	最高地表温度极值	最高地表温度极值出现日期	最低地表温度极值	最低地表温度极值出现日期
1993	8	21.4	54.5	15	7.1	30
1993	9	20.5	53.0	14	2.9	29
1993	10	14.6	47.9	1	−5.4	26
1993	11	7.1	36.3	1	−14.6	26
1993	12	−0.3	29.7	29	−14.6	31
1994	1	2.7	31.6	28	−13.9	28
1994	2	8.5	43.0	28	−14.2	12
1994	3	10.7	44.5	25	−12.6	2
1994	4	17.0	58.2	24	−10.4	20
1994	5	21.9	65.1	7	−4.9	16
1994	6	25.1	66.8	5	1.8	19
1994	7	26.0	61.7	2	1.0	30
1994	8	27.0	69.5	15	−3.2	10
1994	9	20.9	62.0	3	−6.4	20
1994	10	14.9	52.2	10	−12.8	20
1994	11	7.0	42.5	2	−17.0	27
1994	12	2.7	37.4	7	−19.0	25
1995	1	4.2	33.9	15	−27.9	20
1995	2	7.0	44.0	24	−27.4	16
1995	3	15.8	53.0	31	−19.0	1
1995	4	18.4	55.1	7	−11.0	15
1995	5	27.2	64.2	21	−4.5	5
1995	6	23.5	63.2	3	0.4	8
1995	7	24.1	71.8	9	7.0	12
1995	8	22.1	56.4	13	3.9	2
1995	9	18.8	48.6	26	0.5	17
1995	10	17.0	48.1	4	−8.0	25
1995	11	8.4	43.4	2	−21.0	30
1995	12	2.8	35.5	3	−27.4	31
1996	1	—	—	—	—	—
1996	2	—	—	—	—	—
1996	3	—	—	—	—	—
1996	4	—	—	—	—	—
1996	5	—	—	—	—	—
1996	6	—	—	—	—	—
1996	7	—	—	—	—	—
1996	8	20.4	54.4	14	5.4	30
1996	9	16.9	55.9	15	1.1	2
1996	10	12.9	52.6	1	−9.2	23
1996	11	4.5	44.8	3	−13.4	27
1996	12	−0.3	31.4	22	−16.6	17
1997	1	0.7	36.5	25	−17.5	20
1997	2	3.7	45.2	24	−18.2	7
1997	3	9.2	55.7	30	−17.2	2
1997	4	15.3	62.5	15	−10.0	11
1997	5	20.9	66.4	30	−4.5	3
1997	6	24.3	68.5	14	1.3	8
1997	7	25.4	69.5	19	2.8	2

（续）

年份	月	平均地表温度	最高地表温度极值	最高地表温度极值出现日期	最低地表温度极值	最低地表温度极值出现日期
1997	8	21.2	58.4	19	5.1	31
1997	9	19.2	63.7	1	−1.9	29
1997	10	13.2	54.0	2	−10.7	28
1997	11	4.0	42.1	6	−15.1	27
1997	12	−0.4	30.2	29	−19.0	30
1998	1	−1.8	32.0	25	−19.5	4
1998	2	3.0	47.9	13	−18.6	7
1998	3	10.5	58.0	26	−15.2	11
1998	4	14.2	63.5	28	−13.0	2
1998	5	25.3	70.0	28	−3.3	3
1998	6	24.6	70.7	8	29.0	2
1998	7	21.8	56.0	10	0.9	24
1998	8	19.6	57.0	22	4.6	17
1998	9	17.1	54.7	2	1.7	30
1998	10	12.7	49.7	2	−6.9	27
1998	11	4.7	40.0	1	−13.7	30
1998	12	0.9	35.0	5	−15.5	22
1999	1	0.4	34.0	28	−16.0	10
1999	2	3.0	42.3	28	−17.3	5
1999	3	10.0	53.1	29	−14.8	2
1999	4	15.3	61.5	21	−12.0	5
1999	5	19.1	62.5	6	−0.9	5
1999	6	19.5	60.0	15	−1.5	9
1999	7	21.7	56.5	17	6.0	31
1999	8	21.0	61.5	6	3.6	30
1999	9	17.2	57.4	1	0.6	21
1999	10	13.3	52.4	4	−9.5	22
1999	11	5.4	37.4	7	−17.5	28
1999	12	−2.2	32.7	5	−20.0	17
2000	1	−2.3	37.0	13	−20.5	2
2000	2	3.7	43.9	22	−17.0	20
2000	3	8.5	53.0	29	−19.6	1
2000	4	12.4	53.9	5	−10.3	1
2000	5	18.4	60.7	12	−7.6	6
2000	6	21.7	60.2	15	1.1	4
2000	7	23.7	65.5	25	2.3	17
2000	8	21.6	63.0	8	1.7	21
2000	9	17.8	52.4	2	−1.0	26
2000	10	11.4	47.1	7	−9.5	26
2000	11	4.4	40.7	3	−15.3	28
2000	12	−0.2	33.5	1	−19.5	20
2001	1	−0.1	33.3	13	−22.7	23
2001	2	5.1	47.0	15	−18.0	27
2001	3	8.6	50.4	10	−16.7	13
2001	4	13.4	58.0	14	−12.4	8
2001	5	21.7	66.0	23	−4.9	16
2001	6	23.6	68.3	16	0.1	2
2001	7	20.9	57.4	28	3.9	11

（续）

年份	月	平均地表温度	最高地表温度极值	最高地表温度极值出现日期	最低地表温度极值	最低地表温度极值出现日期
2001	8	18.2	45.4	23	5.6	30
2001	9	19.4	59.2	9	1.1	28
2001	10	14.4	46.6	8	−8.4	31
2001	11	6.4	38.2	18	−13.7	28
2001	12	0.1	33.5	1	−22.3	29
2002	1	−1.4	35.6	31	−20.8	11
2002	2	4.6	44.5	12	−16.0	4
2002	3	10.3	58.9	31	14.1	17
2002	4	19.3	64.2	23	−7.8	2
2002	5	19.7	65.3	12	−5.7	20
2002	6	22.7	70.3	8	0.2	5
2002	7	21.3	55.0	22	3.3	21
2002	8	19.2	63.9	6	5.5	28
2002	9	17.3	52.5	6	0.2	24
2002	10	—	—	—	—	—
2002	11	—	—	—	—	—
2002	12	—	—	—	—	—
2003	1	1.4	33.6	12	−17.5	31
2003	2	1.7	39.2	27	−17.5	22
2003	3	8.1	53.5	31	−13.9	4
2003	4	14.7	58.7	21	−10.5	12
2003	5	18.0	51.4	14	−4.9	4
2003	6	25.0	67.0	7	2.2	17
2003	7	18.8	50.4	18	7.0	18
2003	8	17.8	45.2	8	6.4	7
2003	9	16.8	48.3	27	−5.3	30
2003	10	11.9	50.0	1	−12.8	29
2003	11	4.0	44.5	10	−16.0	26
2003	12	−2.3	36.0	9	−20.0	5
2004	1	0.0	39.0	31	−21.5	17
2004	2	3.6	44.5	28	−20.0	5
2004	3	7.6	54.0	30	−17.9	4
2004	4	13.6	58.6	14	−10.5	1
2004	5	19.6	63.4	18	−5.9	2
2004	6	20.1	53.5	8	−0.3	7
2004	7	22.3	60.9	24	2.0	3
2004	8	19.8	52.3	18	6.6	27
2004	9	18.5	52.3	28	1.2	24
2004	10	12.4	47.7	7	−11.0	21
2004	11	3.7	48.0	25	−19.0	28
2004	12	−0.6	35.5	6	−22.3	29
2005	1	−0.3	37.0	30	−23.0	30
2005	2	4.2	43.9	23	−21.5	5
2005	3	9.3	54.2	24	−21.0	7
2005	4	14.7	62.4	6	−12.0	1
2005	5	19.3	62.9	9	−8.7	1

（续）

年份	月	平均地表温度	最高地表温度极值	最高地表温度极值出现日期	最低地表温度极值	最低地表温度极值出现日期
2005	6	21.8	66.5	27	1.3	9
2005	7	21.6	65.3	1	5.1	18
2005	8	20.6	55.2	7	4.4	31
2005	9	16.7	54.2	1	−2.5	21
2005	10	11.1	47.3	20	−11.3	31
2005	11	4.5	39.5	8	−15.3	7
2005	12	1.5	32.6	17	−19.5	31
2006	1	−0.1	33.1	23	−22.0	15
2006	2	2.9	41.0	28	−18.0	22
2006	3	8.8	53.0	29	−16.5	9
2006	4	13.4	55.5	20	−11.5	14
2006	5	—	61.0	31	−4.9	5
2006	6	—	61.7	1	3.7	1
2006	7	—	—	—	—	—
2006	8	—	—	—	—	—
2006	9	—	—	—	—	—
2006	10	—	—	—	—	—
2006	11	—	—	—	—	—
2006	12	—	—	—	—	—
2007	1	2.8	36.6	17	−25.4	1
2007	2	8.2	46.3	25	−24.6	14
2007	3	14.5	60.2	26	−16.4	8
2007	4	—	—	—	—	—
2007	5	—	—	—	—	—
2007	6	—	—	—	—	—
2007	7	—	—	—	—	—
2007	8	—	—	—	—	—
2007	9	—	—	—	—	—
2007	10	—	—	—	—	—
2007	11	—	—	—	—	—
2007	12	—	—	—	—	—
2008	1	0.7	31.4	17	−25.4	1
2008	2	3.3	47.6	28	−19.3	7
2008	3	—	—	—	—	—
2008	4	15.3	58.1	8	−12.9	8
2008	5	21.1	65.2	17	−5.5	7
2008	6	20.1	53.5	29	4.2	15
2008	7	18.9	46.9	2	7.1	19
2008	8	20.8	52.2	15	7.2	8
2008	9	19.7	57.4	23	−0.6	16
2008	10	10.4	44.4	2	−9.6	30
2008	11	4.3	42.3	7	−12.7	18
2008	12	−2.3	23.1	31	−17.1	28

表 4-152　人工观测气象要素——日照

年份	月份	月日照时数合计		年份	月份	月日照时数合计	
		(hh)	(min)			(hh)	(min)
1993	1	244	36	1997	1	249	0
1993	2	266	48	1997	2	217	48
1993	3	234	24	1997	3	211	30
1993	4	247	48	1997	4	237	18
1993	5	265	18	1997	5	265	12
1993	6	253	42	1997	6	265	54
1993	7	235	12	1997	7	291	36
1993	8	187	24	1997	8	232	54
1993	9	265	54	1997	9	225	6
1993	10	248	36	1997	10	308	36
1993	11	276	12	1997	11	233	42
1993	12	267	18	1997	12	257	6
1994	1	258	6	1998	1	256	54
1994	2	214	54	1998	2	187	12
1994	3	239	42	1998	3	244	36
1994	4	219	42	1998	4	228	24
1994	5	263	6	1998	5	317	18
1994	6	266	12	1998	6	254	12
1994	7	245	6	1998	7	245	6
1994	8	256	30	1998	8	196	48
1994	9	249	0	1998	9	211	24
1994	10	269	48	1998	10	282	36
1994	11	234	48	1998	11	264	48
1994	12	240	12	1998	12	265	6
1995	1	233	42	1999	1	237	54
1995	2	181	12	1999	2	216	0
1995	3	247	36	1999	3	224	18
1995	4	224	0	1999	4	269	0
1995	5	300	18	1999	5	297	54
1995	6	269	0	1999	6	225	30
1995	7	220	36	1999	7	216	6
1995	8	230	36	1999	8	261	18
1995	9	220	54	1999	9	233	0
1995	10	283	18	1999	10	270	18
1995	11	254	0	1999	11	289	42
1995	12	260	6	1999	12	290	18
1996	1			2000	1	266	6
1996	2			2000	2	245	12
1996	3			2000	3	244	18
1996	4			2000	4	237	30
1996	5			2000	5	287	30
1996	6			2000	6	260	48
1996	7			2000	7	269	6
1996	8	201	54	2000	8	264	12
1996	9	229	6	2000	9	222	42
1996	10	292	6	2000	10	253	24
1996	11	281	12	2000	11	260	54
1996	12	282	6	2000	12	254	48

（续）

年份	月份	月日照时数合计		年份	月份	月日照时数合计	
		(hh)	(min)			(hh)	(min)
2001	1	254	36	2005	1	253	54
2001	2	238	42	2005	2	232	0
2001	3	235	54	2005	3	237	36
2001	4	258	12	2005	4	204	54
2001	5	292	54	2005	5	281	54
2001	6	290	0	2005	6	219	36
2001	7			2005	7	181	42
2001	8			2005	8	233	6
2001	9	214	24	2005	9	220	0
2001	10	288	54	2005	10	257	12
2001	11	239	36	2005	11	273	42
2001	12	196	36	2005	12	232	30
2002	1	256	30	2006	1	257	12
2002	2	215	12	2006	2	201	6
2002	3	274	18	2006	3	245	48
2002	4	295	0	2006	4	236	0
2002	5	262	30	2006	5	0	0
2002	6	223	6	2006	6	194	18
2002	7	225	18	2006	7		
2002	8	184	18	2006	8		
2002	9	227	30	2006	9		
2002	10			2006	10		
2002	11			2006	11		
2002	12			2006	12		
2003	1	231	18	2007	1	19	36
2003	2	238	54	2007	2	242	54
2003	3	278	18	2007	3	235	24
2003	4	382	48	2007	4		
2003	5	286	18	2007	5		
2003	6	170	48	2007	6		
2003	7	177	6	2007	7		
2003	8	289	18	2007	8		
2003	9	254	30	2007	9		
2003	10	252	48	2007	10		
2003	11	252	36	2007	11		
2003	12			2007	12		
2004	1			2008	1	237	12
2004	2	252	36	2008	2	238	12
2004	3	230	0	2008	3		
2004	4	253	48	2008	4	246	18
2004	5	243	54	2008	5	266	6
2004	6	252	36	2008	6	222	6
2004	7	235	24	2008	7	151	48
2004	8	177	24	2008	8	224	0
2004	9	215	12	2008	9	248	54
2004	10	242	0	2008	10	233	48
2004	11	281	54	2008	11	194	12
2004	12			2008	12	250	6

表 4-153　人工观测气象要素——降雨蒸发

单位：mm

年份	月份	E601 蒸发皿 20 点蒸发量月合计值	20～8 时降水量月合计值	8～20 时降水量月合计值	20～20 时降水量月合计值	年份	月份	E601 蒸发皿 20 点蒸发量月合计值	20～8 时降水量月合计值	8～20 时降水量月合计值	20～20 时降水量月合计值
1993	8	145.7	123.7	11.8	135.5	1997	5	273.2	40.1	3.7	43.8
1993	9	145.1	125.9	7.7	133.6	1997	6	259.2	96.5	16	112.5
1993	10	164.9	1.7	1.5	3.2	1997	7	251.1	67.1	12.5	79.6
1993	11	121	0	0	0	1997	8	255.2	33.3	10.2	43.5
1993	12	95.7	0	0	0	1997	9	165.2	49.7	10.7	60.4
1994	1	104.2	0	0	0	1997	10	163.5	8.3	0.3	8.6
1994	2	123.1	0	0	0	1997	11	135.5	1.8	0	1.8
1994	3	150.1	2	0.5	2.5	1997	12	103	0	0	0
1994	4	210.7	0	1.8	1.8	1998	1	131.8	0	0	0
1994	5	230.4	0	5.1	5.1	1998	2	157.7	0.2	1.3	1.5
1994	6	253.1	35.8	25.1	60.9	1998	3	181	3.5	0.1	3.6
1994	7	277.3	58.6	5.5	64.1	1998	4	234.5	34.3	5.8	40.1
1994	8	21	53	8.7	61.7	1998	5	292.1	16.1	3.8	19.9
1994	9	177	56.6	24.6	81.2	1998	6	311.5	63.8	12.3	76.1
1994	10	195.1	0	0	0	1998	7	197.9	126.5	16.7	143.2
1994	11	104.9	3.7	4	7.7	1998	8	152	161.9	13.5	175.4
1994	12	96	0	0	0	1998	9	211.9	56.4	0	56.4
1995	1	103.1	0	0	0	1998	10	193.5	21.6	1.2	22.8
1995	2	110.8	5.1	0	5.1	1998	11	136.5	0	0	0
1995	3	211.6	0	0	0	1998	12	46.6	0	0	0
1995	4	244.1	0	0.5	0.5	1999	1	117	0	0	0
1995	5	331.9	8.1	0.3	8.4	1999	2	154.6	3	0	3
1995	6	265.1	98.1	13.1	111.2	1999	3	238.1	0.6	0.3	0.9
1995	7	226.8	172.9	30	202.9	1999	4	205	4.2	0	4.2
1995	8	185.3	110.8	16	126.8	1999	5	259.5	11.5	2	13.5
1995	9	167.8	99.4	6.2	105.6	1999	6	288.5	76	46.8	122.8
1995	10	164.5	0	3.6	3.6	1999	7	257	86.7	37.3	124
1995	11	120.4	0	0	0	1999	8	186.1	125.8	45.8	171.6
1995	12	117.8	0	0	0	1999	9	164.3	22.6	37.1	59.7
1996	1	131.2	0	0	0	1999	10	—	—	—	—
1996	2	137.5	0	0	0	1999	11	—	—	—	—
1996	3	1960.2	0.2	1	1.2	1999	12	—	—	—	—
1996	4	236.8	4.5	2.3	6.8	2000	1	105.7	2.1	0	2.1
1996	5	296.4	55.5	5.5	61	2000	2	152.4	0	0	0
1996	6	242.4	165.3	15.9	181.2	2000	3	200.3	6	0	6
1996	7	203.1	144.4	24.5	168.9	2000	4	230	5.8	0.9	6.7
1996	8	203.6	59.5	15.2	74.7	2000	5	246.3	35.2	12.4	47.6
1996	9	168	66.5	15	81.5	2000	6	273.7	80.1	9.3	89.4
1996	10	176.9	0	0.9	0.9	2000	7	208.2	182.5	32.8	215.3
1996	11	142.4	0	0	0	2000	8	170.5	132	32.2	164.2
1996	12	109	0	0	0	2000	9	181.5	54.4	28	82.4
1997	1	119.9	4	0	4	2000	10	193.8	0	0	0
1997	2	150.4	0.9	2.6	3.5	2000	11	157.1	0	0	0
1997	3	166.9	3.3	5.3	8.6	2000	12	118.6	0	0	0
1997	4	188	13.3	3.4	16.7	2001	1	146	0	0	0

（续）

年份	月份	E601蒸发皿20点蒸发量月合计值	20～8时降水量月合计值	8～20时降水量月合计值	20～20时降水量月合计值	年份	月份	E601蒸发皿20点蒸发量月合计值	20～8时降水量月合计值	8～20时降水量月合计值	20～20时降水量月合计值
2001	2	170.1	0	0.1	0.1	2004	9	196.3	43.5	9.3	52.8
2001	3	187.2	1.5	0	1.5	2004	10	162.4	7.7	4.6	12.3
2001	4	212.7	9.3	2.6	11.9	2004	11	—	—	—	—
2001	5	261.7	26	7.7	33.7	2004	12	105.1	0	0	0
2001	6	240.7	155.5	13.4	168.9	2005	1	109.2	0	0	0
2001	7	227.8	115.8	14.8	130.6	2005	2	128.9	0	0	0
2001	8	194.2	83.3	19.4	102.7	2005	3	185.5	7.4	0.1	7.5
2001	9	192.5	36.7	16	52.7	2005	4	223.3	12.4	3	15.4
2001	10	178.3	15	4.5	19.5	2005	5	220.7	10.2	16.7	26.9
2001	11	145.8	0	0	0	2005	6	210.5	10.2	16.7	26.9
2001	12	125	0	0	0	2005	7	229.8	105.2	14.7	119.9
2002	1	113.1	1.1	0	1.1	2005	8	201.3	157.9	29.2	187.1
2002	2	145.5	0	1	1	2005	9	201.6	75.4	9.7	85.1
2002	3	200.2	2.4	0.8	3.2	2005	10	165.7	9.8	8.4	18.2
2002	4	212.3	1.7	8.9	10.6	2005	11	135.5	0	0	0
2002	5	250	34.6	9	43.6	2005	12	109.9	0	0	0
2002	6	285.2	81.2	2.8	84	2006	1	126.9	0	0	0
2002	7	207.7	161.1	32.3	193.4	2006	2	135.2	0	0	0
2002	8	202.9	71.8	20.1	91.9	2006	3	192.9	0.6	0	0.6
2002	9	177.3	76.1	14.2	90.3	2006	4	119.6	5.1	6.4	11.5
2002	10	175.8	6.8	3.5	10.3	2006	5	146.7	75.9	8.9	84.8
2002	11	139	0	0	0	2006	6	160.3	89.8	6.5	96.3
2002	12	108.8	0	0	0	2006	7	141.9	83.3	0.7	84
2003	1	111.1	2.8	0.2	3	2006	8	137.6	36	13.5	49.5
2003	2	117.1	1.1	0.3	1.4	2006	9	116.7	47.2	10.3	57.5
2003	3	195.5	3.9	3.9	7.8	2006	10	89.2	2.5	4.7	7.2
2003	4	215.3	2.7	1.7	4.4	2006	11	106.3	0	3	3
2003	5	245.4	0	0	0	2006	12	192.8	0	0.1	0.1
2003	6	104.4	71.4	14.2	85.6	2007	1	134.1	0	0	0
2003	7	—	—	—	—	2007	2	103.3	0.5	0	0.5
2003	8	—	—	—	—	2007	3	213.9	0	0	0
2003	9	—	—	—	—	2007	4	113.7	10.1	14.6	24.7
2003	10	—	—	—	—	2007	5	165.6	11.7	0	11.7
2003	11	—	—	—	—	2007	6	150	61.4	55	116.4
2003	12	—	—	—	—	2007	7	142.2	115.3	22.3	137.6
2004	1	115.1	1.3	0	1.3	2007	8	119	91.2	16.5	107.7
2004	2	139.4	0	0	0	2007	9	93	68.3	11.4	79.7
2004	3	139.4	0	0	0	2007	10	100.4	0	7.9	7.9
2004	4	193.8	28.2	6.4	34.6	2007	11	122.3	0	0.8	0.8
2004	5	273.8	27.8	19.1	46.9	2007	12	96.4	0	0	0
2004	6	245.3	76.2	17.8	94	2008	1	157.9	0	0	0
2004	7	187.9	234.9	37.9	272.8	2008	2	134.8	0	3.8	3.8
2004	8	191.4	63.3	18.7	82	2008	3	165	0.2	4.7	4.9

第五章

拉萨站研究数据

5.1 引种农作物生育期观测数据

5.1.1 冬小麦

表 5－1　1997 年冬小麦主要品种物候观测

观测员：李学良、张秀

品种	播种	出苗	返青	超身	拔节	孕穗	抽穗	开花	灌浆	成熟	收割
92－66	1996－11－10	1996－10－27	03－24	05－13	05－17	05－28	09－06	06－20	07－16	08－23	08－30
肥麦	1996－11－10	1996－10－27	03－24	12－05	05－19	09－06	06－18	06－24	07－20	08－17	08－22
Nov－90	1996－11－10	1996－10－27	03－24	04－24	05－17	05－25	09－06	06－28	07－15	08－19	08－23
轮抗	1996－11－10	1996－10－27	03－24	12－04	04－21	02－05	05－17	09－06	06－28	07－23	07－28

表 5－2　1997 年冬小麦主要品种生长发育观测

观测员：李学良、张秀

品种	项目	播种	出苗	反青	起身	拔节	孕穗	抽穗	开花	灌浆	成熟	收割
92－66	分蘖（株）	—	607	617	576	622	611	533	493	476	457	457
	平均株高（cm）	—	5.2	5.8	34	36.2	42.4	65.6	93.9	104	121.7	120.1
	死亡数（株）	—	575	575	—	—	—	—	—	—	74	—
肥麦	分蘖（株）	—	876	906	899	882	702	689	634	621	619	619
	平均株高（cm）	—	6.1	6.5	30	391	69.6	93.7	96.4	97.8	98.1	98
	死亡数（株）	—	—	23	—	—	—	—	—	—	84	—
Nov－90	分蘖（株）	—	554	672	779	715	679	527	508	497	497	497
	平均株高（cm）	—	8.1	9.4	23.1	45.8	49.2	92.4	112.3	116.1	118.7	118.4
	死亡数（株）	—	—	23	—	—	—	—	—	—	57	—
轮抗	分蘖（株）	—	903	1029	1055	1045	1043	896	821	869	986	986
	平均株高（cm）	—	7	10.6	22.8	30.9	40.2	46.9	53.9	54.2	66.4	63.7
	死亡数（株）	—	—	5	—	—	—	—	—	—	107	—

表 5－3　1999—2000 年冬小麦生育期观测

作物品种	实验区	播种	出苗	分蘖	越冬始	返青	分蘖	拔节	挑旗	孕穗	抽穗	开花	灌浆	乳熟	黄熟	完熟	全生育期天数	每公顷产量（kg）
BUSSYD	大区	10－12	10－28	11－10	11－30	03－12	04－10	05－05	05－28	06－08	06－22	06－26	07－05	07－31	08－10	08－31	352	6 750
早丰 1 号	引种区	10－14	10－26	11－10	11－30	03－12	04－05	04－25	05－15	05－23	05－30	06－08	06－22	07－10	07－22	07－30	320	3 000
陕农 28	引种区	10－14	10－26	11－10	11－30	03－12	04－05	04－30	05－15	05－23	05－30	06－08	06－22	07－10	07－22	07－30	320	3 000
90－3	引种区	10－14	10－26	11－10	11－30	03－12	04－05	05－07	05－26	06－08	06－22	07－03	07－10	07－28	08－12	08－31	350	7 500

表 5-4　1999—2000 年引种冬小麦品种生育期观测

观测员：李学良、张秀

品种	编号	播种	出苗	分蘖	返青	拔节	扬花	灌浆	黄熟	成熟	收割
Bussyd	大区	1999-10-12	1999-10-31	1999-11-20	2000-03-18	2000-05-13	2000-06-26	2000-07-05	2000-08-20	2000-08-31	
Mar-90	1	1999-10-14	1999-10-26	1999-11-15	2000-03-18	2000-05-15	2000-07-07	2000-07-15	2000-08-20		
陕农 28	2	1999-10-14	1999-10-28	1999-11-15	2000-03-18	2000-05-09	2000-06-14	2000-06-15	2000-07-15	2000-07-25	
早丰 1 号	3	1999-10-11	1999-10-26	1999-11-15	2000-03-18	2000-05-05	2000-06-12	2000-06-15	2000-07-15	2000-07-25	

5.1.2　春小麦、春青稞

表 5-5　1998 年春小麦对比试验物候观测

观测员：李学良、张秀

品种	播种	出苗	齐苗	三叶	分叶	拔节	挑旗	孕旗	抽穗	花期	灌浆	顶满仓	乳熟	黄熟	收割	每公顷产量（kg）
克 89-446	04-22	05-02	05-07	05-15	05-20	06-02	06-19	06-23	06-29	07-09	07-18	08-08	08-20	08-28	09-05	
高原 602	04-22	05-02	05-06	05-13	05-18	05-31	06-17	06-21	06-24	06-28	07-10	08-01	08-08	08-25	09-05	
藏农引	04-22	05-02	05-06	05-15	05-20	06-02	06-18	06-21	06-24	06-28	07-09	08-01	08-08	08-25	09-05	4 146
高原 602	04-22	05-02	05-06	05-13	05-18	05-31	06-17	06-21	06-24	06-28	07-10	08-01	08-08	08-25	09-05	4 730.4
青春 533	04-22	05-02	05-08	05-15	05-20	06-02	06-17	06-21	06-25	06-30	07-10	08-01	08-18	08-28	09-05	3 177
87-175	04-22	05-02	05-07	05-13	05-18	05-31	06-19	06-22	06-25	06-30	07-11	08-01	08-18	08-28	09-05	4 674
青春 533	04-22	05-02	05-08	05-15	05-20	06-02	06-17	06-19	06-25	06-30	07-10	08-01	08-18	08-28	09-05	
3u-90	04-22	05-02	05-07	05-15	05-20	06-05	06-24	06-29	07-03	07-12	07-21	08-16	08-23	08-30	09-05	
3u-90	04-23	05-02	05-07	05-15	05-20	06-05	06-24	06-29	07-03	07-12	07-21	08-16	08-23	08-30	09-05	3 900
87-175	04-23	05-02	05-07	05-13	05-18	05-31	06-17	06-21	06-24	06-29	07-11	08-01	08-18	08-28	09-05	
藏农引	04-23	05-02	05-06	05-15	05-20	05-31	06-12	06-15	06-19	06-30	07-09	08-01	08-08	08-25	09-05	
克 89-446	04-21	05-02	05-07	05-15	05-20	06-02	06-19	06-23	06-29	07-03	07-17	08-08	08-20	08-28	09-05	5 523

表 5-6　1998 年春小麦对比试验灌溉记录

品种	灌溉	灌溉	灌溉	灌溉	品种	灌溉	灌溉	灌溉	灌溉
克 89-446	1998-05-04	1998-05-21	1998-06-02	1998-06-13	青春 533	1998-05-04	1998-05-21	1998-06-02	1998-06-13
高原 602	1998-05-04	1998-05-21	1998-06-02	1998-06-13	3u-90	1998-05-04	1998-05-21	1998-06-02	1998-06-13
藏农引	1998-05-04	1998-05-21	1998-06-02	1998-06-13	3u-90	1998-05-04	1998-05-21	1998-06-02	1998-06-13
高原 602	1998-05-04	1998-05-21	1998-06-02	1998-06-13	87-175	1998-05-04	1998-05-21	1998-06-02	1998-06-13
青春 533	1998-05-04	1998-05-21	1998-06-02	1998-06-13	藏农引	1998-05-04	1998-05-21	1998-06-02	1998-06-13
87-175	1998-05-04	1998-05-21	1998-06-02	1998-06-13					

表 5-7　1998 年高原 602 春麦、春青稞与覆膜高原 602 春麦对比试验物候期比较

观测员：李学良、张秀

品种	播种	出苗	齐苗	三叶	分叶	拔节	挑旗	孕旗	抽穗	花期	灌浆	顶满仓	乳熟	黄熟	收割
高原 602	04-13	04-27	05-02	05-10	05-15	05-20	06-12	06-16	06-19	06-23	07-06	07-28	08-02	08-20	08-23
高原 602（复膜）	04-16	04-23	04-27	05-05	05-08	05-20	06-11	06-14	06-17	06-22	07-04	07-25	08-01	08-15	08-23
青稞	04-16	04-26	04-29	05-11	05-15	05-22	06-13	06-18	06-22		06-30	07-20	07-30	08-15	08-23

表 5-8　2000 年引种春小麦生育期记录

观测员：李学良、张秀

品种	编号	播种	出苗	齐苗	三叶	分蘖	拔节	挑旗	孕穗	花期	灌浆	乳熟	黄熟
藏农引	1	04-10	04-23	04-27	05-03	05-12	05-25	06-10	06-17	06-24	07-12	08-10	08-20
3u-90	6	04-10	04-23	04-27	05-05	05-13	05-30	06-15	06-25	07-14	07-23	08-18	09-07
87-175	11	04-11	04-23	04-27	05-03	05-12	05-28	06-12	06-23	07-02	07-12	08-23	09-10
日本		05-05	05-13	05-18	05-23	06-08	06-15	06-26	07-07	07-22	07-28	08-16	08-25

表 5-9　2000 年春小麦灌溉记录

品种	编号	灌水	灌水	灌水	品种	编号	灌水	灌水	灌水
藏农引	1-5	2000-04-11	2000-06-03	2000-06-14	87-175	2000-11-16	2000-04-11	2000-06-03	2000-06-14
3u-90	6-10	2000-04-11	2000-06-03	2000-06-14					

表 5-10　2000 年 4 月 19 日播引进春小麦生育期记录

编号	品种	播种	出苗	齐勒	三叶	七叶	拔节	挑旗	孕穗	花期	灌浆	乳熟
1-10 行	佳春 5 号	04-19	05-03	05-08	05-15							
11-21 行	佳春 4 号	04-19	05-03	05-08	05-15							
22 行	9604-210	04-19	05-03	05-08	05-15							
23 行	9604-213	04-19	05-03	05-08	05-15							
24 行	9604-169	04-19	05-03	05-08	05-15							
25 行	9604-180	04-19	05-03	05-08	05-15							
26 行	9604-165	04-19	05-03	05-08	05-15							
27 行	9604-185	04-19	05-03	05-08	05-15							

表 5-11　2001 年春小麦生育期观测记录

观测员：李学良、张秀

品种	编号	播种	出苗	齐苗	三叶	分蘖	拔节	挑旗	孕穗	抽穗	开花	灌浆	乳熟	黄熟	完熟
3u-90	小区	05-06	05-15	05-18	05-25	06-01	06-12	07-05	07-09	07-13	07-22	07-26	08-24	09-10	09-25
3u-90	6 行	05-06	05-15	05-18	05-25	06-01	06-12	07-05	07-09	07-13	07-22	07-26	08-24	09-10	09-25
克 89-446	2 个半区	05-06	05-16	05-18	05-25	06-01	06-12	07-05	07-09	07-13	07-20	07-26	08-26	09-07	09-25
藏农引	2 个区	05-06	05-16	05-18	05-25	06-01	06-09	06-25	06-30	07-05	07-13	07-18	08-20	09-10	09-20
藏农引	2 个半区	05-06	05-15	05-18	05-25	06-01	06-12							09-05	
QB01	4 小区	05-11	05-20	05-23	05-27	06-03	06-15	06-30	07-05	07-10	07-20	07-25	08-15	08-25	09-04
3u-90	日本实验区	05-02	05-12	05-15	05-20	05-28	06-10	07-05	07-09	07-13	07-20	07-24	08-24	09-10	09-25
日本	日本实验区	05-02	05-12	05-15	05-20	05-28	06-10	06-28	07-03	07-08	07-13	07-17	08-20	09-08	09-18
有气 3u-90	日本实验区	05-02	05-12	05-15	05-20	05-28	06-10	07-05	07-09	07-13	07-20	07-26	08-27	09-12	09-25
无气 3u-90	日本实验区	05-02	05-12	05-15	05-20	05-30	06-12	07-12	07-12	07-16	07-23	07-28	08-27	09-12	09-25

5.1.3　玉米

表 5-12　1998 年东农 249、248 玉米候观测记录：盖膜与未盖膜对比

	品种	播种	出苗	齐苗	三叶	拔节	喇叭	抽雄	抽穗	吐丝	灌浆	成熟
盖膜	东农 249	04-27	05-04	05-08	05-12	06-10	06-27	06-30	07-06	07-12	07-25	09-15
	东农 248	04-27	05-04	05-08	05-12	06-10	06-27	07-03	07-12	07-18	07-28	09-20
未盖膜	东农 249	04-27										
	东农 248	04-27										

表 5-13　1998 年东农 249、248 玉米灌溉施肥记录

	品种	灌溉	灌溉	灌溉	灌溉	施肥		品种	灌溉	灌溉	灌溉	灌溉	施肥
盖膜	东农 249	05-02	05-26	05-31	06-13	06-11	未盖膜	东农 249	05-02	05-31	06-15		06-11
	东农 248	05-02	05-26	05-31	06-13	06-11		东农 248	05-02	05-31	06-15		06-11

表 5-14　1998 年东农早甜玉米物候观测

品种	播种	出苗	齐苗	拔节	喇叭	抽雄	抽穗	吐丝	灌浆	成熟
东农早甜	1998-04-24	1998-05-02	1998-05-07	1998-06-02	1998-06-10	1998-06-21	1998-06-28	1998-07-04	1998-07-18	1998-08-10

表 5-15　1998 年东农早甜玉米施肥记录

品种	灌溉	灌溉	灌溉	灌溉	施肥
东农早甜	1998-05-02	1998-05-10	1998-06-12	1998-06-26	1998-06-03

表 5-16　1998 年制种玉米物候观测记录

编号	品种	播种	出苗	齐苗	拔节	喇叭	抽雄	抽穗	吐丝
1	制种	1998-05-01	1998-05-08	1998-05-12	1998-06-15	1998-07-04	1998-07-15	1998-07-20	1998-07-25
2	南美	1998-05-01	1998-05-08	1998-05-12	1998-06-15	1998-07-04	1998-07-12	1998-07-25	1998-07-28

表 5-17　1998 年制种玉米灌溉记录

品种	灌溉	灌溉	灌溉
制种	1998-05-02	1998-05-30	1998-06-13

表 5-18　1998 年院内各品种玉米生育期记录

品种	播种	出苗	齐苗	拔节	喇叭	抽雄	抽穗	吐丝	灌浆	成熟	每公顷产量（kg）
LIM7	1998-04-29	1998-05-07	1998-05-11	1998-06-11	1998-06-28	1998-07-04	1998-07-08	1998-07-08	1998-08-01	1998-09-20	18 408
LIM17	1998-04-29	1998-05-07	1998-05-11	1998-06-11	1998-06-28	1998-07-06	1998-07-10	1998-07-14	1998-08-01	1998-09-20	16 702.5
JY3	1998-04-29	1998-05-07	1998-05-11	1998-06-11	1998-06-26	1998-07-02	1998-07-06	1998-07-10	1998-07-28	1998-09-20	10 909.5
LIM21	1998-04-29	1998-05-07	1998-05-11	1998-06-14	1998-06-28	1998-07-10	1998-07-16	1998-07-20	1998-08-02	1998-09-25	2 182.5
LIM13	1998-04-29	1998-05-07	1998-05-11	1998-06-14	1998-07-26	1998-07-02	1998-07-06	1998-07-10	1998-07-30	1998-09-20	13 635
黑珍珠	1998-04-29	1998-05-07	1998-05-11	1998-06-19	1998-07-16	1998-07-28	1998-07-30	1998-08-05	1998-08-23		
南美紫园	1998-04-29	1998-05-07	1998-05-11	1998-06-16	1998-06-30	1998-07-16	1998-07-28	1998-08-05	1998-08-20		
南美紫红	1998-04-29	1998-05-07	1998-05-11	1998-06-16	1998-06-30	1998-07-16	1998-07-28	1998-08-05	1998-08-20		
南美花 1	1998-04-29	1998-05-07	1998-05-11	1998-06-16	1998-06-30	1998-07-14	1998-07-20	1998-07-26	1998-08-04		
南美花 2	1998-04-29	1998-05-07	1998-05-11	1998-06-16	1998-06-28	1998-07-12	1998-07-15	1998-07-26	1998-08-04		
南美白	1998-04-29	1998-05-07	1998-05-11	1998-06-16	1998-06-30	1998-07-14	1998-07-20	1998-07-26	1998-08-04		
南美白*248	1998-04-29	1998-05-07	1998-05-11	1998-06-16	1998-06-30	1998-07-14	1998-07-17	1998-07-11	1998-08-02		

表 5-19　1998 年院内各品种玉米灌溉记录

灌溉	2009-05-12	2009-05-31	2009-06-13

表 5-20　1999 年引种玉米物候观测记录

品种名称	播种	出苗	三叶	七叶	拔节	喇叭	抽雄	开花	吐丝	灌浆	成熟
东农 249	1999-04-17	1999-04-25	1999-05-01	1999-05-17	1999-06-06	1999-06-13	1999-06-30	1999-07-05	1999-07-10	1999-07-22	1999-08-30
东农 248	1999-04-17	1999-04-25	1999-05-01	1999-05-17	1999-06-06	1999-06-13	1999-07-08	1999-07-13	1999-07-19	1999-07-29	
东农粘	1999-04-17	1999-04-25	1999-04-30	1999-05-17	1999-06-02	1999-06-09	1999-06-15	1999-06-21	1999-06-30	1999-07-18	1999-08-20
白糯	1999-04-17	1999-04-25	1999-05-05	1999-05-18	1999-06-12	1999-06-20	1999-07-12	1999-07-14	1999-07-24	1999-08-02	
甜玉 4 号	1999-04-17	1999-04-25	1999-05-01	1999-05-18	1999-06-12	1999-06-20	1999-07-10	1999-07-13	1999-07-24	1999-08-02	
甜玉 4 号	1999-04-17	1999-04-25	1999-05-01	1999-05-18	1999-06-12	1999-06-20	1999-07-10	1999-07-13	1999-07-24	1999-08-02	
东单 7 号	1999-04-17	1999-04-25	1999-04-30	1999-05-17	1999-06-08	1999-06-18	1999-07-13	1999-07-20	1999-07-25	1999-08-04	
东单 8 号	1999-04-17	1999-04-25	1999-04-30	1999-05-17	1999-06-08	1999-06-18	1999-07-13	1999-07-25	1999-07-30	1999-08-20	
陕单 902	1999-04-17	1999-04-25	1999-05-01	1999-05-18	1999-06-08	1999-06-18	1999-07-13	1999-07-18	1999-07-23	1999-07-31	
户单 6 号	1999-04-17	1999-04-25	1999-05-01	1999-05-18	1999-06-08	1999-06-18	1999-07-13	1999-07-25	1999-07-30	1999-08-20	
中夏 2 号	1999-04-17	1999-04-25	1999-05-02	1999-05-18	1999-06-08	1999-06-15	1999-07-13	1999-07-18	1999-07-23	1999-08-02	
试-117	1999-04-17	1999-04-25	1999-05-02	1999-05-15	1999-06-08	1999-06-15	1999-07-12	1999-07-18	1999-07-23	1999-08-02	
掖单 19	1999-04-17	1999-04-25	1999-05-01	1999-05-15	1999-06-08	1999-06-15	1999-07-13	1999-07-23	1999-07-30	1999-08-20	
四单 19	1999-04-17	1999-04-25	1999-05-01	1999-05-15	1999-06-08	1999-06-15	1999-07-10	1999-07-18	1999-07-23	1999-08-02	
甜玉米	1999-04-17	1999-04-17	1999-05-21	1999-06-02	1999-06-15	1999-06-22	1999-06-28	1999-07-07	1999-07-12	1999-07-18	
南美黄	1999-04-17	1999-04-25	1999-05-01	1999-05-15	1999-06-05	1999-06-12	1999-06-28	1999-07-07	1999-07-12	1999-07-23	
南美白紫	1999-04-17	1999-04-25	1999-05-01	1999-05-15	1999-06-05	1999-06-12	1999-07-02	1999-07-07	1999-07-12	1999-07-28	
黑珍珠	1999-04-17	1999-04-25	1999-05-01	1999-05-15	1999-06-05	1999-06-12	1999-07-08	1999-07-13	1999-07-20	1999-07-31	

表 5-21 1999 年玉米灌溉记录表

灌溉	灌溉	灌溉	灌溉
2009-04-22	2009-05-24	2009-06-15	2009-07-22

表 5-22 2000 年 4 月 24 日玉米物候观测记录

品种	播种	出苗	齐苗	三叶	七叶	拔节	喇叭	抽雄	抽穗	扬花	吐丝	灌浆	乳熟	成熟	采收
陕鲜笋玉米	04-21	05-03	05-06	05-20	05-31	06-25	07-02	07-27	08-27	08-07	08-10	08-17	未成		
加强甜 8	04-21	05-03	05-06	05-20	05-28	06-16	06-25	07-12	07-15	07-20	07-25	08-02	09-02	09-26	
加强甜 6	04-21	05-03	05-06	05-20	05-28	06-16	06-25	07-08	07-15	07-20	07-25	08-02	09-18	09-22	
白糯 11 号	04-21	05-03	05-06	05-20	05-28	06-16	06-25	07-25	07-29	07-30	07-31	08-08	09-25	10-12	
盛海龙 1 号	04-21	05-03	05-06	05-20	05-28	06-16	06-25	07-23	07-29	07-30	08-03	08-10	09-21	未成	
盛海龙 2 号	04-21	05-03	05-06	05-20	05-28	06-16	06-25	07-22	08-01	08-05	08-06	08-17	09-21	未成	
垦黏 1 号	04-21	05-03	05-06	05-20	06-12	07-02	07-14	07-31	08-03	08-07	08-08	08-23	未成		
中糯 1 号	04-21	05-03	05-06	05-20	05-30	06-25	07-02	07-26	07-28	07-30	08-01	08-10	未成		
东农 249	04-23	05-03	05-06	05-20	05-28	06-16	06-25	07-07	07-13	07-18	07-23	07-31	09-15	09-21	
东单 7 号	04-23	05-03	05-06	05-20	05-30	06-18	06-25	07-25	07-29	07-31	08-03	08-12	未成		
东笋玉米	04-23	05-03	05-06	05-20	05-31	06-18	06-30	07-02	07-18	07-21	07-26	07-31	09-21	10-12	

表 5-23 2000 年 4 月 21 日播种玉米灌溉记录

编号	灌溉	灌溉	灌溉
1-10	2009-04-21	2009-06-07	2009-06-16
11-22	2009-04-23	2009-06-07	2009-06-16

表 5-24 2000 年 5 月 5 日播引种玉米物候观测记录

品种	播种	出苗	齐苗	三叶	七叶	拔节	喇叭	抽雄	抽穗	扬花	吐丝	灌浆	乳熟
CC05	05-05	05-14	05-17	05-25	06-10	06-27	07-03	07-25	07-29	07-29	07-31	08-10	10-10
CC07	05-05	05-14	05-17	05-25	06-10	06-27	07-03	07-25	08-02	08-02	08-05	08-12	未成
CC09	05-05	05-14	05-17	05-25	06-10	06-27	07-02	07-25	07-29	07-29	07-31	08-10	未成
3081	05-05	05-14	05-17	05-25	06-10	06-27	07-02	08-12	08-18	08-19	08-21	08-26	未成
30D44	05-05	05-14	05-17	05-25	06-10	06-27	07-02	08-21	08-26	08-28	08-21	08-26	未成

表 5-25 2000 年 5 月 5 日玉米灌溉施肥记录

品种	灌溉	灌溉	灌溉	底肥	追肥
CC05	2009-05-06	2009-06-08	2009-06-17	2009-05-05	2009-06-18
CC07	2009-05-06	2009-06-08	2009-06-17	2009-05-05	2009-06-18
CC09	2009-05-06	2009-06-08	2009-06-17	2009-05-05	2009-06-18
3081	2009-05-06	2009-06-08	2009-06-17	2009-05-05	2009-06-18
30C44	2009-05-06	2009-06-08	2009-06-17	2009-05-05	2009-06-18

表 5-26 2000 年各种引种玉米生长物候观测记录

品种	播种	出苗	齐苗	三叶	七叶	拔节	喇叭	抽雄	扬花	抽穗	吐丝	灌浆	乳熟	成熟
甜玉米	04-15	04-24	04-28	05-05	05-15	05-28	06-05	06-13	06-26	06-30	07-10	07-15	07-30	
陕笋玉米	04-21	05-03	05-06	05-20	05-31	05-25	07-02	07-27	08-07	08-10	08-17			
加强甜 8	04-21	05-03	05-06	05-20	05-28	06-16	06-25	07-12	07-20	07-25	08-02			
加强甜 6	04-21	05-03	05-06	05-20	05-28	06-16	06-25	07-08	07-20	07-25	08-02			
白糯 11 号	04-21	05-03	05-06	05-20	05-28	06-23	06-25	07-25	07-30	07-31	08-08			

表 5-27　2001 年引种玉米物候观测记录

品种	播种	出苗	三叶	七叶	拔节	喇叭	抽雄	开花	吐丝	灌浆	乳熟	成熟
东引黏	04-28	05-10	05-20	06-03	06-25	07-03	07-22	07-27	08-01	08-12	09-16	10-05
东农军黏	04-28	05-10	05-20	06-05	06-23	07-01	07-09	07-21	07-25	08-03	09-07	10-05
中农黑糯	04-28	05-10	05-20	06-05	06-23	07-01	07-16	07-28	08-01	08-12	09-20	10-10
东农早粘	04-28	05-10	05-20	06-05	06-23	07-03	07-17	07-26	07-29	08-06	09-10	10-05
东单 7 号	04-28	05-10	05-20	06-05	06-20	07-03	07-27	07-08	08-12	08-16	10-05	
东单 8 号	04-28	05-10	05-20	06-06	06-23	07-03	07-22	08-12	08-16	08-20	10-05	未
中夏 2 号	04-28	05-10	05-20	06-03	06-20	07-03	07-27	08-06	08-10	08-15	09-30	未

表 5-28　2001 年引种玉米物候观测记录

品种：东农 249　（样地$_1$）：日本试验区

作物品种	样地	生育期	播种	出苗	三叶	七叶	拔节	喇叭	抽雄	开花	吐丝	灌浆	乳熟	成熟	收获
东农 249	日本实验区样地 1	始期（≥10%）	05-02	05-11	05-20	06-06	06-18	06-28	07-10	07-16	07-20	07-30	09-10	10-01	
		普遍期（≥50%）	05-02	05-11	05-20	06-06	06-18	07-02	07-16	07-22	07-26	08-08	09-25	10-10	
东农 249	日本实验区样地 2	始期（≥10%）	05-02	05-11	05-20	06-06	06-20	07-01	07-12	07-18	07-22	07-30	09-15	10-05	
		普遍期（≥50%）	05-02	05-11	05-20	06-06	06-20	07-01	07-12	07-18	07-22	08-02	09-16	10-05	
		末期（≥80%）	05-02	05-11	05-20	06-06	06-20	07-01	07-16	07-22	07-26	08-06	09-20	10-05	

5.1.4　油菜

表 5-29　1998 年春播油菜物候期观测记录

品种	播种	出苗	齐苗	起薹	现蕾	花期	夹角	灌浆	黄色	成熟	收割
新油 6 号	04-11	04-23	05-01	05-31	06-04	06-12	06-20	07-06	08-05	08-18	08-23
H165	04-12	04-25	05-01	06-01	06-06	06-13	06-20	07-06	08-01	08-15	08-23

表 5-30　1998 年春播油菜灌溉记录

品种	灌溉	灌溉	灌溉	灌溉
新油 6 号	04-15	05-20	05-30	06-10
H165	04-15	05-20	05-30	06-10

表 5-31　2000 年 4 月 19 日播各引进春油菜生育期记录

观测员：李学良、张秀

品种	播种	出苗	齐苗	起薹	现蕾	花期	夹角	灌浆	黄色
A14×C12	04-19	05-04	05-08	06-12	06-18	06-29	07-12	07-25	09-12
新 A8×C22	04-19	05-04	05-08	06-12	06-18	06-29	07-12	07-25	09-12
A31×C3	04-19	05-04	05-08	06-12	06-18	06-29	07-12	07-25	09-12
A8×C3	04-19	05-04	05-08	06-12	06-18	06-29	07-12	07-25	09-14

表 5-32　2001 年春油菜物候观测记录（品种上不详）

品种	播种	出苗	齐苗	起薹	现蕾	花期	灌浆	成熟	收割
1	04-30	05-10	05-15	06-10	06-23	06-30	07-08	08-28	09-25
2	04-30	05-10	05-15	06-10	06-25	07-02	07-10	08-28	09-25
3	04-30	05-10	05-15	06-10	06-25	07-02	07-10	08-28	09-25
4	04-30	05-10	05-15	06-10	06-23	06-30	07-08	08-28	09-25

5.1.5　蚕豆

表 5-33　1998 年蚕豆物候期观测记录

品种	播种	出苗	三叶	分枝	开花	结荚	成熟
蚕豆	04-19	08-08	05-12	06-02	06-19		07-26

表 5-34　1998 年蚕豆灌溉记录

灌溉时间	05-04	05-21	05-31

5.1.6　马铃薯

表 5-35　2000 年播脱毒马铃薯物候观测记录

品种	播种	出苗	开花	成熟
脱毒马铃薯	04-27	05-16	07-07	08-08
日本 8 月	05-05	05-22	06-23	
农林 8 月	05-05	05-22	06-23	

5.1.7　云雀豆

表 5-36　1998 年云雀豆物候观测记录

品种	播种	出苗	齐苗	分枝	花期	盛花	夹角
云雀豆	04-19	05-02	05-05	06-25	07-18	08-01	08-05

表 5-37　1998 年云雀豆灌溉记录

灌溉时间	05-04	05-21	05-31

表 5-38　1999 年云雀豆物候观测记录

播种	出苗	三叶	旁支形成	开花	结荚
04-14	04-25	05-01	05-06	07-12	07-31

表 5-39　2000 年云雀豆物候观测记录

品种	播种	出苗	三叶	分枝	开花	结荚
云雀豆	04-17	04-29	05-06	05-13	07-12	07-31

5.1.8　油葵

表 5-40　2000 年油葵物候观测

品种	播种	出苗	现蕾	开花	灌浆	成熟
油葵	04-28	05-10	07-03	07-25	08-08	籽粒不饱满，多空壳

5.1.9　微孔草

表 5-41　2000 年微孔草物候观测记录

	品种	播种	出苗	起薹	分枝	开花	结果	成熟
青海	微孔草	05-11	05-28	06-15	06-23	07-01	07-12	08-08
西藏	微孔草	（移栽）	05-15	06-12	06-26	07-01	07-20	07-31

5.2 拉萨站引种牧草生育期及生物量试验数据

5.2.1 引种牧草生育期记录

表 5－42 1994 年引种牧草物候期观测记录

牧草品种	播种	出苗		分枝(蘖)		拔节		孕穗		现蕾		开花		结实		成熟		枯萎期
		始	盛	始	盛	始	盛	始	盛	始	盛	始	盛	始	盛	始	盛	
紫花苜蓿	05－04	05－30	06－10	06－16	06－24					08－11	08－19	09－01	09－12	10－15	10－06			11－08
韦拉紫花苜蓿	05－04	05－30	06－03	06－16	06－12					08－08	08－16	08－21	08－30	10－02	10－02			11－10
美国 1 号紫化苜蓿	05－04	05－30	06－03	06－06	08－16					08－10	08－20	02－19	09－12	09－09	10－12			11－10
庆阳紫化苜蓿	05－04	05－30	06－03	06－10	06－16					08－08	08－14	08－30	09－10	09－19	10－10			11－04
公农 1 号紫花苜蓿	05－04	05－28	06－06	06－16	06－20					08－16	08－20	09－03	09－13	09－24	10－11			10－16
保定紫花苜蓿	05－04	05－28	06－03	06－10	10－18					08－16	08－30	09－12	09－15	09－12	09－18			09－24
红豆草	05－04	05－30	06－03	07－26	07－30	少量												11－04
麦罗斯红豆草	05－04	05－30	06－03	07－26	07－30													
沙打旺		04－06	04－10	04－26			处于营养生长状态											
红豆草		04－17	04－19	04－21	04－25					05－02	05－11	05－24	05－31	06－11	06－20	07－12		11－08
红三叶	05－04	05－24	06－10	04－21	07－30					少量—少量								
枝垂红三叶	05－04	05－26	07－03	07－28	07－28													10－08
阿林同红三叶	05－04	05－24	06－03	07－20	07－28													10－08
巴东红三叶	05－04	05－22	06－03	07－25	08－04					（回放 7/3）								
牛尾草			04－17															11－08
多年生黑麦草			04－17			05－08		05－17		05－31		06－14		06－16		07－22		10－24
黑麦草			04－17			05－02		05－12				05－31		06－16		07－22		10－20
林肯无芒雀麦	05－04	05－16	06－06	06－10	06－30													
马那无芒雀麦	05－04	05－24	06－04	06－14	06－30													10－23
扁穗雀麦	05－04	05－20	06－03	06－10	06－28									07－30	08－04	09－12	10－10	10－25 至 11－17 割
鸭茅	05－04							无										
无芒雀麦		04－17	04－17			04－26		05－06		05－20		06－16		06－30		08－14	09－13	10－30
布梗顿大麦		04－17	04－17			05－08		07－16		06－10		07－04		07－12		08－12		10－30

（续）

牧草品种	播种	出苗		分枝(蘖)		拔节		孕穗		现蕾		开花		结实		成熟		枯萎期
		始	盛	始	盛	始	盛	始	盛	始	盛	始	盛	始	盛	始	盛	
星星草		04-17	04-17					05-12		05-23		05-30		06-10		07-20		11-02
披碱草		04-17	04-17			05-15								06-26		08-20	09-13	10-28
羊草			04-17															10-28
巫溪红三叶	05-04	05-30	06-26															
巫溪红三叶				05-20				05-30		05-30		06-07	06-26	09-12				11-08
皮陶白三叶	05-04	06-03	06-26	08-14														
拉丁鲁白三叶	05-04	05-30	06-17	08-14														
青海老芒竖麦			04-17			05-04		05-20		05-30		06-10		06-24		08-26	09-13	10-28
鹰嘴柴云英	05-04	06-03	03-07 补播															
鹰嘴紫云英(84103)	05-04																	
333A 箭舌豌豆	05-04	05-14		05-23	06-06					07-04	07-12	07-16	07-20	08-06	08-14	09-12	10-04	10-22 至 11/11 割
冬箭舌豌豆	05-04	05-14		05-22	06-06					07-18	07-24	07-28	08-04	08-15	08-23	10-02	10-06	11-11 割
降三叶	05-04	05-31	06-03	07-22	07-24					09-12	09-18							10-03
斜茎黄芪	05-04	05-30	06-14	07-28	04-18		少量											
早熟沙打旺	05-04	06-03	06-18	07-20	07-26													11-01
沙打旺	05-04	07-14	07-16	07-26	07-30		无											
多花黑麦草	05-04	05-15		05-30	06-04	09-12	09-20											11-17
山地黑麦草	05-04	05-15		05-29	06-04	06-20	06-30	07-02	07-08	07-20	07-26	08-02	08-06	08-31	09-13	09-26	10-08	11-07 割
草地早熟草	05-04	06-03	06-10	06-22	06-30					07-26		08-02		08-20	09-05		09-15	10-10 至 10-27 割
中间冰草	05-04	05-15	06-03	06-06	06-10													10-07
苇状羊茅	05-04	05-18	06-03	06-06	06-10	09-15	09-21											11-17
苇状羊茅(86-83)	05-04	05-20	06-03	06-06	06-10	09-12	10-06											11-23
紫羊茅	05-04	05-15	05-28	06-03	06-06	09-12	09-19											11-19
俄罗斯野麦草	05-04	05-24	06-06	06-12	06-17	09-25												10-11
南美黎 11/10 割																		11-10 割

5.2.2 引种牧草生物量测定

表 5-43 1998 年牧草引种试验生物量测定

样方：（50cm×50 cm） 记录员：李正文

牧草名称	测定日期	小区编号	平均株高（cm）	鲜重（kg）	干重（kg）	平均重量（kg）	
						鲜重	干重
啤酒大麦	10-02	100（1）		0.40	0.24		
		100（2）		0.45	0.26		
		100（3）	90.0	0.65	0.37	0.50	0.29
岷山红三叶，白三叶	10-02	8		1.40	0.26		
		26		0.90	0.21		
		1	91.0	12.00	0.11	1.20	0.14
		24		0.80	0.16		
		9		0.70	0.14		
		4	33.4	1.40	0.22	0.97	0.17
红三叶	10-04	17		0.80	0.19		
		12		0.90	0.20		
		2	29.0	0.80	0.20	0.83	0.20
红三叶	10-04	18		0.90	0.21		
		13		1.20	0.23		
		23	38.1	0.85	0.18	0.98	0.21
红三叶	10-04	16		0.85	0.19		
		10		1.00	0.21		
		5	25.7	1.05	0.23	0.77	0.21
黑麦草	10-04	40		2.00	0.33		
		35		2.50	0.45		
		32	50.8	3.50	0.65	2.67	0.48
YUMA	10-04	36		0.60	0.17		
		51		0.80	0.16		
		51	20.6	0.33	0.13	0.58	0.15
SEETON	10-04	43		0.60	0.11		
		52		1.00	0.20		
		44	21.1	1.30	0.25	0.97	0.19
羊茅	10-04	46		1.30	0.27		
		56		1.05	0.24		
		48	48.7	1.35	0.32	1.23	0.28
茅状羊茅	10-02	33		1.20	0.30		
		34		1.50	0.35		
		42		1.10	0.24	1.27	0.30
鸭茅	10-02	33		1.35	0.29		
		41		1.40	0.32		
		49		1.70	0.37	1.48	0.33
苏丹草	10-02	53		3.10	1.08		
		61		2.30	0.84		
		69		2.60	0.88	2.67	0.93
黑麦草	10-04	78		1.80	0.33		
黑麦草		86		2.10	0.43		
		94	49.5	1.80	0.35	1.90	0.37
科多 8 号玉米	10-04	81		11.00	3.60		
		89		16.30	5.54		
		97	180.5	1.50	4.89	14.10	4.68

（续）

牧草名称	测定日期	小区编号	平均株高 (cm)	鲜重 (kg)	干重 (kg)	平均重量（kg）	
						鲜重	干重
液单饲用玉米	10－04	74		14.40	5.02		
		82		10.70	3.65		
		90	172.8	8.60	3.05	11.20	3.90
饲用甜菜	10－04	28		10.50	3.23		
		21		11.80	3.40		
		27	51.3	13.00	3.67	11.77	3.43
大田箭筈豌豆	10－04	101①		2.00	0.38		
		101②		3.90	0.66		
		101③	73.7	2.80	0.47	2.90	0.50
高羊茅	10－04	29		0.80	0.14		
		37		1.75	0.38		
		45	49.8	1.60	0.28	1.38	0.27
梯牧草	10－04	63		0.50	0.12		
		47		1.20	0.25		
		55	31.1	1.60	0.31	1.10	0.23
黑麦草	10－04	67		1.50	0.28		
		84		1.75	0.33		
		76	51.4	2.20	0.40	1.82	0.34
黑麦草	10－04	64		1.10	0.24		
		31		1.95	0.43		
		72	39.8	1.03	0.22	1.36	0.30
高羊茅	10－04	71		0.70	0.13		
		38		1.60	0.31		
		30	46.6	1.85	0.31	1.38	0.25
黑麦草	10－04	75		2.60	0.62		
		83		3.10	0.68		
		91	69.2	1.60	0.42	2.43	0.57
梯牧草	10－04	79		1.15	0.29		
		87		0.97	0.20		
		92	30.6	0.85	0.15	0.99	0.21
红三叶	10－04	1		0.85	0.17		
		25		1.10	0.22		
		14	30.9	1.20	0.24	1.05	0.21
红三叶	10－04	19		0.90	0.19		
		3		0.90	0.18		
		22	27.8	0.80	0.18	0.87	0.18
红三叶	10－04	11		1.10	0.21		
		15		0.80	0.16		
		7	29.3	1.00	0.21	0.97	0.19
黑麦草	10－04	57		0.75	0.16		
		65		0.75	0.16		
		73	29.9	1.00	0.26	0.83	0.19
黑麦草	10－04	58		0.90	0.21		
		50		1.45	0.25		
		66	35.4	1.10	0.23	1.15	0.23
PERUM	10－04	62		2.55	0.50		
		54		2.30	0.42		
		70	50.9	2.00	0.40	2.28	0.44

5.3 拉萨站引进农作物及牧草品质分析数据

5.3.1 小麦品质及成分分析

表 5-44 小麦品质分析表

送样日期：1998 年 12 月　样品名称：小麦　分析项目：籽粒及制粉品质

样品名称	容重 (g/L)	角质率 (%)	粗蛋白质 (%干)	参考出粉率 (%)	水分 (%)
87-175（1号）麦	734	68	11.2	58.4	10
高原 602（2号）麦	741	61	12	60.5	10.1
样品名称	水分 (%)	湿面筋 (%)	干面筋 (%)	粘降值 (ml)	
87-175（1号）粉	14.6	25.3	8.6	26	
高原 602（2号）粉	14.2	26.6	9.2	31	
样品名称	馒头体积 (ml)	馒头比容 (ml/g)	馒头评分 (百分制)		
87-175（1号）麦	275	1.8	78.5		
高原 602（2号）麦	295	1.9	80		

表 5-45 面团品质

样品名称	吸水率 (%)	形成时间 (min)	粉质团稳定时间 (B. u)	耐搡指数 (B. U)	评价计值
87-175 粉	73.4	2.3	1.5	110	33
高原 602 粉	71.7	2.2	2	112	39

表 5-46 小麦成分分析

样品名称：小麦（籽粒）　受检单位：拉萨站　送样者：刘允芬

送样日期：1996.1.8　报告日期：1996.2.29　分析人员：姜亚东

	水分 (%)	灰分 (%)	蛋白质 (%)	粗脂肪 (%)	粗纤维 (%)	Ca (%)	P (%)	无氮浸出物 (%)
127	8.04	1.6	11.02	1.89		0.063	0.369	77.02
141	8.33	1.69	11.57	1.94		0.062	0.357	76.05
142	8.23	1.81	10.39	2.05		0.049	0.375	77.1

注：无氮浸出物中包括：有机碳、淀粉、糖。

表 5-47 西藏小麦品质分析

送样者：许毓英　报告日期：1998.5.20

检验单位：农业部谷物品质监督检验测试中心

产品名称	小麦　96-轮抗 7　97-轮抗 7 青　97-高原 602	型号规格	
		商标	
受检单位	西藏达孜县中国科学院生态站	检验类别	委托检验
抽样地点		送样日期	1998 年 4 月 1 日
检验依据及检验项目	粉质图 GB/T14614—93 湿面筋 GB/T14608—93 沉降值 AACC56—61A 馒头 SB/T1039—9	送样者	许毓英
		原编号或生产日期	980291 980292 980293
		样品数量	3
		抽样基数	
所用主要仪器设备	粉质仪在筋仪沉降仪	实验环境条件	符合标准规定

（续）

检验结论	根据委托者要求只进行参数单项测试不做产品质量判定 （检验报告专用章） 签发日期：1998 年 5 月 20 日		
检测项目	小麦 96 -轮抗 7	小麦 97 -轮抗 7	小麦 97 -高原 602
湿面筋（%）	42.1	28.7	25.3
沉降值（ml）	46.5	35.4	24.8
粉质图			
吸水量（ml/100g）	62.22	58.66	61.49
形成时间（min）	2.8	2.3	1.9
稳定时间（min）	5.0	2.0	1.6
断裂时间（min）	7.0	3.0	2.7
公差指数（B.U）	45	120	111
弱化度（B.U）	84	160	158
评价值（分）	47	36	34
馒头评分			
比容（分）	20	19.0	17.0
外观形状（分）	14.5	12.5	10.0
色泽（分）	9.5	8.5	8.5
结构（分）	14.5	13.0	11.5
弹韧性（分）	18.0	16.5	14.0
粘牙（分）	14.0	12.5	9.0
气味（分）	5.0	4.5	3.5
总评分	9.5	86.5	73.5

批准：祁葆　审核：林夕　制表：蒋国华

5.3.2　豆类品质分析

表 5－48　西藏豆类品质分析表

分析日期：1998 年 1 月 9 日

样品名称	水分（%）	粗蛋白（%）	粗纤维（%）	粗脂肪（%）	粗灰粉（%）	热值（J/g）	钙（%）	磷（%）
西藏豌豆	8.51	20.96	5.94	1.17	2.53	17 014.7	0.24	0.38
西藏云雀豆	6.52	36.12	11.31	17.14	5.57	22 006.3	0.22	0.94
西藏蚕豆	8.41	28.86	8.39	1.35	2.8	17 276.7	0.23	0.48

复核人：李文英　1998 年元月 9 日

表 5－49　云雀豆品质分析表

分析日期：1998 年 1 月 8 日　分析仪器：日立 L－8500A 型 AA 仪

分析单位：中国农业科学院畜牧研究所氨基酸分析

样品名称：西藏云雀豆　登记号：98－0－21　上机号：610					
氨基酸	样品中（%）	蛋白质中（%）	氨基酸	样品中（%）	蛋白质中（%）
天门冬氨酸	3.2		苯丙氨酸	1.31	
苏氨酸	1.24		赖氨酸	1.97	
丝氨酸	1.57		氨	0.48	不计总和
谷氨酸	8.24		组氨酸	1.09	
甘氨酸	1.32		精氨酸	2.94	
丙氨酸	1.14		脯氨酸	1.16	
胱氨酸	0.62		色氨酸	—	
缬氨酸	1.4		Σ	32.88	
蛋氨酸	0.44				
异亮氨酸	1.54				
亮氨酸	2.34		N×6.25		
酪氨酸	1.36		干物质		

表 5-50　西藏野生豆类成分分析

送样者：许毓英　送样日期：1997.07.18　报告日期：1997.07.31　单位：%

样品名称	水分（%）	灰分（%）	蛋白质（%）	粗脂肪（%）	粗纤维（%）	维生素 C（mg/kg）
野豆	8.47	1.67	30.68	2.31	—	—
沙生槐	4.71	3.07	29.01	10.79	—	—

表 5-51　云雀豆品质分析

送样者：许毓英　报告日期：1998.05.20

检验单位：农业部谷物品质监督检验测试中心

产品名称	云雀豆	型号规格	/
		商标	/
受检单位	中国科学院拉萨生态站	检验类别	委托检验
		样品等级	/
抽样地点	/	送样日期	1999.01.20
检验依据及检验项目	水分 GB5497—85 粗蛋白 GB2905—82 粗脂肪 GB2906—82 粗纤维 GB6193—86 粗淀粉 GB5006—85 维生素 液相色谱法 矿质元素 等离子发射光谱法 色氨酸 GB/T15400—94 17 种氨基酸 GB7649—87	送样者	张谊光
		原编号或生产日期	990139
		样品数量	1
		抽样基数	
所用主要仪器设备	定氮仪、DU-7U、日立 835-85 氮基酸仪、ICPS-1000II、液相色谱仪、旋光仪	实验环境条件	符合标准规定
检验结论	根据委托者要求只进行参数单项测试不做产品质量判定 （检验报告专用章） 签发日期：1999 年 2 月 10 日		

报　告　内　容

样品名称	样品编号	检测项目	检测结果（干基）（%）	检测项目	检测结果
云雀豆	990139	天门冬氨酸	2.13	粗淀粉	3.38
		苏氨酸	0.88	粗纤维	9.25
		丝氨酸	1.00	矿质元素（mg/kg）	
		谷氨酸	5.76	磷	10400
		甘氨酸	1.00	硼	136.3
		丙氨酸	0.78	硫	3397
		胱氨酸	0.10	钼	9.608
		缬氨酸	0.85	锌	35.74
		蛋氨酸	0.20	铁	75.67
		异亮氨酸	0.91	锰	26.53
		亮氨酸	1.60	镁	2701
		酪氨酸	1.06	钙	1239
		苯丙氨酸	1.02	铜	8.863
		赖氨酸	1.44	钾	701.8
		组氨酸	0.76	钠	88.17
		精氨酸	2.12	维生素（mg/kg）	
		脯氨酸	1.93	B_1	未检出
		色氨酸	0.04	B_2	122.20
		Σ	23.58	B_6	317.16
		水分	7.0		
		粗蛋白	37.87		
		粗脂肪	20.28		

批准：祁葆　审核：林夕　制表：蒋国华

5.3.3 西藏主要牧草成分分析

表 5－52 西藏主要牧草成分分析

送样者：刘允芬 送样日期：1997.05.02 报告日期：1997.05.30 单位：mg/kg

样品名称	C（%）	N（%）	K	Na	Ca	Mg	Fe	Al	P
玉米	49.3	0.7	994.2	175.0	5 170.0	1 091.0	—	—	789.4
玉米	40.3	1.2	1 256.0	220.0	10 580.0	1 832.0	—	—	1 697.0
羊茅	48.8	1.2	1 047.0	200.0	9 175.0	1 041.0	—	—	1 309.0
羊茅	46.3	1.7	1 527.0	214.0	14 196.0	2 366.0	—	—	1 588.0
黑麦	49.4	0.8	1 026.0	215.0	6 136.0	1 082.0	—	—	718.1
黑麦	49.0	1.5	1 182.0	254.0	11 384.0	1 376.0	—	—	1 143.0
紫花苜蓿	48.5	1.3	882.6	219.0	9 478.0	970.3	—	—	904.0
紫花苜蓿	52.6	1.9	1 056.0	223.0	12 658.0	1 054.0	—	—	1 436.0
红三叶巫溪	46.4	1.6	1 501.0	240.0	13 591.0	1 603.0	—	—	1 148.0
红三叶巫溪	42.2	2.6	1 916.0	265.0	20 152.0	2 335.0	—	—	1 938.0
小麦	52.1	0.7	861.2	214.0	4 974.0	715.4	—	—	454.4
小麦	51.2	1.3	892.0	231.0	9 590.0	961.2	—	—	813.5

表 5－53 西藏主要牧草成分分析

送样者：钟华平 送样日期：1995.12.25 报告日期：1996.02.29

品种	取样日期	水分（%）	灰分（%）	蛋白质（%）	粗脂肪（%）	粗纤维（%）	P（%）	Ca（%）	无氮浸出物（%）
韦拉紫花苜蓿	1995－06－19	7.29	9.63	23.36	1.06	32.60	0.39	2.34	23.33
美国1号紫花苜蓿	1995－07－05	6.83	7.87	19.82	1.34	35.70	0.20	1.83	26.41
巫溪红三叶	1995－07－08	7.13	9.62	26.25	2.42	17.25	0.43	2.28	34.62
红豆草	1995－06－19	6.69	6.83	14.44	1.30	34.45	0.28	1.29	34.72
白三叶	1995－07－06	7.78	16.07	14.30	2.59	13.08	0.42	2.70	43.06
阿林同红三叶	1995－07－06	7.13	9.22	16.67	3.55	21.63	0.42	2.02	39.37
巴东红三叶	1995－07－07	7.25	12.24	17.33	3.27	23.90	0.52	2.34	33.15
黑麦草	1995－07－09	5.85	8.32	8.53	2.13	31.50	0.27	0.41	42.99
多年生黑数草	1995－07－10	5.93	12.93	8.27	1.64	32.16	0.29	0.30	38.48
牛尾草	1995－07－06	5.84	9.86	11.81	2.15	26.98	0.22	0.34	42.79
林肯无芒雀麦	1995－07－18	6.38	9.61	10.50	2.01	28.83	0.26	0.48	41.93
马那无麦雀麦	1995－07－18	6.15	8.47	10.76	1.86	30.24	0.23	0.32	41.97
紫羊茅	1995－07－13	6.40	10.74	11.03	2.83	29.30	0.31	0.58	38.81
中间冰草	1995－07－16	5.96	8.62	13.52	2.84	33.66	0.24	0.36	34.81
无芒雀麦	1995－07－11	5.79	8.50	8.40	1.41	32.31	0.26	0.32	43.01
星星草	1995－07－13	6.42	8.06	10.37	3.52	27.32	0.27	0.35	43.69
披碱草	1995－07－16	6.25	6.66	11.29	3.37	33.61	0.33	0.35	38.14
山地黑麦	1995－07－19	6.53	7.76	14.96	2.35	32.03	0.33	0.33	35.71
多花黑麦草	1995－07－15	5.44	10.00	7.88	3.02	26.01	0.29	0.41	46.95
苇状羊茅	1995－06－09	6.53	9.30	12.34	2.32	27.60	0.30	0.46	41.16
苇状羊茅	1995－06－20	6.00	11.71	8.79	1.48	29.05	0.25	0.30	42.42

5.3.4 西藏蚕豆品质分析

表 5－54 西藏蚕豆品质分析表

分析日期：1998 年 1 月 8 日 分析仪器：日立 L－8500A 型 AA 仪

分析单位：中国农业科学院畜牧研究所氨基酸分析

样品名称：西藏蚕豆 登记号：98－0－22 上机号：608.609

氨基酸	样品中（%）	蛋白质中（%）	氨基酸	样品中（%）	蛋白质中（%）
天门冬氨酸	3.06		苯丙氨酸	1.15	
苏氨酸	0.98		赖氨酸	1.68	
丝氨酸	1.29		氨	0.40	不计总和
谷氨酸	4.59		组氨酸	0.78	
甘氨酸	1.09		精氨酸	2.91	
丙氨酸	1.08		脯氨酸	1.06	
胱氨酸	0.41		色氨酸	—	
缬氨酸	1.25		Σ	25.67	
蛋氨酸	0.22				
异亮氨酸	1.17				
亮氨酸	2.00		N×6.25		
酪氨酸	0.95		干物质		

表 5－55 西藏蚕豆品质分析表

分析日期：1998 年 1 月 8 日 分析仪器：日立 L－8500A 型 AA 仪

分析单位：中国农业科学院畜牧研究所氨基酸分析

样品名称：西藏蚕豆 登记号：98－0－20 上机号：608.607

氨基酸	样品中（%）	蛋白质中（%）	氨基酸	样品中（%）	蛋白质中（%）
天门冬氨酸	2.36		苯丙氨酸	0.99	
苏氨酸	0.76		赖氨酸	1.46	
丝氨酸	0.99		氨	0.27	不计总和
谷氨酸	3.54		组氨酸	0.62	
甘氨酸	0.85		精氨酸	1.82	
丙氨酸	0.80		脯氨酸	0.74	
胱氨酸	0.34		色氨酸	—	
缬氨酸	0.90		Σ	19.21	
蛋氨酸	—				
异亮氨酸	0.80				
亮氨酸	1.45		N×6.25		
酪氨酸	0.79		干物质		

第六章

拉萨站本底调查

拉萨站本底调查于1993—1994年期间进行，以原综考会气候、土地、水利、农业、林业、畜牧、草场、农经等研究室的专业人员为主。南京农业大学、西藏生物研究所的专家参加了调查和总结。西藏军区后勤部达孜农场的部分干部战士自始至终参加了这项工作。

6.1 气候

拉萨农业生态实验站位于拉萨河下游南岸达孜县城西郊的达孜农场境内，东经91°20′37″，北纬29°40′40″，海拔3 688m。河谷较开阔，四周群山耸立，东面有海拔5 511m的拉莫南山，东南面有5 380m的依查嘎，北面则有4 897m的唐拉。拉萨河下游河床宽广、多叉流，入县境后自动向西流，在唐嘎附近转向西南，经章多向南流，到邦堆再折回向西，在桑株林附近出县境。生态站位于邦堆至桑株林之间的东西向河谷，从微观来看，东端北面的唐拉与东南面伸向河谷的仔仔嘿形成狭管地形；西端西北面依查嘎向东南伸向河谷的山脊与南面的则脚形成狭管地形，无论刮西风还是东风，气流经过两段狭管时，流线加密，风力增强，中间的河谷盆地不仅大风和风沙天气多，而且冬半年（或夜间）易于冷空气聚集，形成“冷湖”，下半年（或白天）河谷盆地受热快，散热慢，成为“热库”。因此，达孜地区年内冷热变化非常剧烈，气候与拉萨地区差异显著。

从宏观来看，拉萨河下游北面的念青唐古拉山，是藏南和藏北的分界线；而郭喀拉日居既是拉萨河和雅鲁藏布江的分水岭，又是沿布拉马普特拉河—雅鲁藏布江朔江而上暖湿气流向西北推进的屏障，达孜地区气候具有明显的过渡性。特别是春夏和秋冬之交，南面山上大多数日子云雾缭绕，白雪皑皑；北面山上则基岩裸露，一派干旱景象，拉萨河谷是藏南气候向藏北气候过渡的走廊。

青藏高原座落在中低维度，耸立于对流中下部，它的动力作用（阻挡、摩擦）和热力作用（感热和潜热加热），改变了青藏地区的行星环流，形成了有地区特色的基本气流。这些基本气流在高原动力和热力作用季节变化影响下，形成了以高原大小为尺度的区域性环流—高原季风环流。而高原上各种中尺度地形的动力、热力作用及其季节变化、日变化又形成了中尺度环流系统和山谷风环流，在它们的共同影响和相互作用下，形成了高原各地的不同气候。

整个高原地区的基本气候、区域性环流、中尺度环流和局地性环流系统都有极其明显的、几乎相反的季节变化，拉萨地区也是如此。例如冬季，拉萨地区对流层中上层受副热带和极地西风带的交替影响，对流层低层则为东北季风所左右；夏季对流层中上层主要受热带东风带和副热带西风带的控制，对流层下层则为西南季风（高原夏季风和印度西南季风）所左右。

由于环流的季节变化，冬季在高原平均高度（600hPa）附近，西风气流因高原分支，绕流的动力作用和高原地面的冷却（加热，但比四周弱）作用，在高原上形成青藏冷高压，而高压四周，特别是东、西、南三面围绕着气旋性环流系统，这些系统随高度向上减弱，到500hPa消失；夏季对流层中下层高原四周气流向高原内部辐合，高原主体上出现一个切线低涡环流系统，这就是青藏热低压，低压四周为一个高压带。这些环流系统随高度向上减弱，到400hPa消失，再向上为反气旋性环流所代替。隆冬季节，副热带西风及其中心盘踞在低维度，青藏冷高压最强，整个西藏极地冷空气盛行；盛夏季节，副热带西风带及其急流中心北移并稳定在高纬度，青藏热低压最强，整个西藏为热带空气控制。过渡季节副热带西风强度及其西风急流中心位置变化最大，强度减弱最明显，极地和热带空气交替频繁，青藏冷高压和青藏热低压变化亦大。

此外，青藏高原作为一个整体平均来看，由于海拔高，空气稀薄，大气透明度好，太阳辐射强，地面全面起热源作用。不过，隆冬季节的热源作用比高原四周要弱 1 倍多，相对起冷源作用。从冷热源的形成来看，高原西部以感热加热最重要，高原以东平原地区以蒸发潜热加热起主导作用。

以上环流大势、太阳辐射和下垫面状况，虽然都是以高原为对象，但对作为青藏高原主题的西藏南部拉萨河谷的达孜来说，无疑也是气候形成的重要因素。

达孜地处高原河谷，热量水平较低，暖季温度亦不高，以喜凉的作物、牧草和树木为主。近年来，引种玉米等喜温作物及各种瓜果蔬菜，采用地膜覆盖栽培，借助丰富的光资源，普遍获得成功。

6.2 水文

拉萨生态站建于达孜农场东头，地处拉萨河下游宽阔河段，属河谷平原地貌。拉萨河是雅鲁藏布江一条最大的一级支流，受印度洋西南季风的影响，来自孟加拉湾的暖湿气流沿布拉马普特拉河—雅鲁藏布江西伸北上，给拉萨地区输送水汽，年降水量 440mm 左右，年平均径流量 287m3/s，河川径流量主要由雨水补给。

达孜农场属高原季风温带半干旱气候，年内降水不均，干湿两季十分明显，夏秋多雨和冬春干旱少雨的季风气候特点决定了这里水热基本同季的气候规律，有利于种植业的发展。但这里冬春（11 月至翌年 5 月）干旱季节气候干燥，冷且少雨雪，尤其是进入干季后期的 3～5 月，不仅干旱少雨雪，河道径流量亦小，蒸发量极其旺盛，而此时正值一年种植业用水高峰期，越冬作物亦需要灌返青及拔节水，春播作物需播种及出苗水。此期干旱少雨，作物需水全部依赖人工灌溉，是一年中灌溉用水量最紧张的时期，也是决定作物生长的最关键时期。

达孜农场处于拉萨河的低阶地和河漫滩上，地面与拉萨河水面之间的高度仅差几米。此段拉萨河的坡降相对较陡，农场有非常便利的地面水源条件，由上游段的自流引水或由场内的拉萨河边提水等条件都较好。农场所在阶地上的地下水条件也相当好，北面有拉萨河水的常年侧向补给，南面有山体补给，农场内的平均地下水位埋深一般在 1.0～3.5m 之间，夏秋季上升到 1～2m。由于拉萨河一级阶地的砾石层比较深厚，地下水补给条件又好，其地下水储量比较可观，水质也较好，只是上部表层潜水（约深埋 15m 以上）中的大肠杆菌等含量大大高于国家标准，而且随地下水开采有逐渐向下层发展的趋势，直接饮用对人体有一定影响。饮用水一般建议提取较深层的地下水，当然今后也可考虑抽取浅层水进行处理后再饮用。不管怎么样，达孜农场的水源条件是相当不错的，这为建设现代生态农场提供了良好的物质基础。

达孜农场已经建成一个比较完整的以地面自流灌溉为主的水利灌溉系统，农场的基本农田一般情况下均能够及时获得灌溉保障，而且水源较为稳定。由于达孜农场位于拉萨河谷中用水最集中地区的上游，今后较长一段时间内的水源条件也不会发生较大改变。在现有引水量水平上，通过各种节水工程、管理及地下水开发等措施，保证今后农场的全面发展需要也还是有可能的，这是达孜农场建设现代化生态农业系统的一大优势。

但是必须看到，在上游直孔骨干电站的水利调节库容建成并发挥对下游水量的调节作用之前的相当长时期内，由于拉萨河谷农业用水日趋紧张，尤其是农场下游的农业集中用水地段的枯水期水量更为短缺，为缓解这一紧张状况，必然在一定程度上对包括达孜农场在内的中上游用水加以限制，无限制地扩大引水量是不太现实的。另外，农场灌溉系统的引水口正好位于纳金电站拦河坝的上游，在现有基础上继续增加枯水季节从拉萨河的引水量也必然导致灌溉用水与纳金电站发电之间矛盾的进一步加剧。在增加从拉萨河引水量受到限制条件下，因农业发展而增加需水量将可能导致达孜农场与同享一个灌溉系统的桑珠林乡的用水矛盾，这些都是达孜农场今后水资源利用中的不利因素。

6.3 农业

达孜农场可利用土地面积 246.7hm^2，耕地约 66.7hm^2 左右。由于地势高低不平，土层厚薄不一，砾石含量高，砂化严重，灌溉困难，实际种植面积一般仅 46.7hm^2 左右，基本上全为粮食作物冬小麦—肥麦。肥麦在达孜年生育期约 320d。一年一熟连作，没有休闲和培肥地力的时间，缺乏有机肥，单产徘徊在 1 500kg/hm^2 左右。

20 世纪 90 年代初，农场转变办场方针，调整种植业结构，扩大养殖业，创办加工业，实现了种、养、加一条龙。除了种植冬小麦—肥麦外，还种植了蚕豆、豌豆、蔬菜、紫花苜蓿等。1991 年，种植冬小麦 40hm^2，战胜严寒干旱产粮 7 万 kg；畜牧业存栏仔猪 250 头，出售兄弟部队纯种猪 150 头，仔猪 280 头；加工混合饲料 710t，供应连队 140t。此外，当年还产白菜、西葫芦等蔬菜 4 万 kg，苹果 465 万 kg。种植业的结构调整，改变了单一粮食生产冬小麦连作、地力下降、单产水平低于群众的局面，随之建立的粮食作物、经济作物、饲料作物种植模式，为粮食作物、经济作物二元结构向粮食作物、经济作物、饲料作物三元结构转变开了一个好头。

6.4 畜牧业

畜牧业是一个生态系统，组成这个生态系统的畜牧业资源包括饲草、饲料资源、家畜品种资源以及家畜活动的土地和栖息的环境资源等。

达孜农场饲料资源有粗饲料和精饲料两大类：粗饲料来源于天然草地牧草、人工草地牧草、农作物秸秆和部分青绿饲料；精饲料主要为小麦。

达孜农场天然草地属河谷温性半干旱草原类、草场总面积 104.99hm^2，占全场土地面积的 41.35%，可利用面积 52.69hm^2，占草地总面积的 50.19%。年产可食牧草 77t，理论载畜量 70.32 绵羊单位。

天然牧草主要有禾本科的白草 *Pennisetum flaccidum*、固沙草 *Orinus thoroldii*、莎草科的大花嵩草 *Kobresia macrantha*、沟状嵩草 *K. uncinoides*、矮生嵩草 *K. humilis*、豆科的劲直黄芪 *Astragalus strictus*、毛瓣棘豆 *Oxytropis sericopetal*、砂生槐 *Sophore moorcroftiana* 以及石竹科的腺毛叶老牛筋 *Arenaria capillaris* var. *glandnlosu* 等种类，植被被覆盖度 25%左右，草丛低矮，平均年产鲜草量低者 900kg/hm^2 上下，高者亦不过 2 250kg/hm^2 左右。

人工种植牧草有紫花苜蓿 *Medicago sativa* 和少量白花草木樨 *Melilotus alba*。

农作物秸秆主要为冬、春小麦秸秆，青绿多汁饲料有葫芦、莴苣叶、萝卜、元白菜等。

精饲料一是自产的麦类籽粒，二是调运的黄豆、青稞、小麦、玉米、麸皮、蚕豆、豌豆饼粕、鱼条及青干菜叶等。农场的饲料资源现状及理论载畜量如表 6-1。常用饲料营养成分如表 6-2。

表 6-1 饲料资源现状及理论载畜量

饲料种类	饲料现存量（×10^4kg）	理论载畜量（绵羊单位、猪单位）
一、粗饲料总量	16.90	154.34
天然草地牧草	7.70	70.32
人工草地牧草	2.40	21.92
农作物秸秆	6.74	61.55
青绿多汁饲料	0.06	0.55
二、精饲料	6.13	145.95
麦类籽粒	6.13	145.95

表 6-2 常用饲料营养成分

种类	水分	粗蛋白	粗脂肪	粗纤维	粗灰分	食盐	钙	磷
黄豆	8.96	32.98	17.49	4.88	4.88	0.34	0.50	0.48
蚕豆	11.42	25.34	1.28	6.68	2.52	0.21	0.30	0.24
豌豆	13.43	26.66	0.22	6.66	3.04	0.19	0.38	0.59
玉米	12.46	13.46	6.99	2.40	1.60	0.15	0.19	0.23
青稞	12.41	11.60	1.08	2.79	2.02	0.18	0.30	0.28
小麦	13.53	13.37	1.32	1.18	2.06	0.20	0.98	0.96
饼粕	10.54	30.32	14.44	6.90	9.04	0.12	0.98	0.96
麸皮	14.16	17.87	3.72	8.42	4.92	0.22	0.69	0.86
鱼条	9.04	59.75	12.39	2.22	14.18	0.18	4.40	2.36
菜叶 1	3.99	31.64	2.47	12.37	12.09	3.01	1.91	0.55
菜叶 2	5.67	13.83	2.70	9.70	6.23	0.89	0.65	0.34

达孜农场畜种资源单一，以养猪为主，培养的高原 1 号杂交猪有重要意义。全场没有草食家畜。

6.5 林业

达孜农业位于雅鲁藏布江中游谷地亚高山灌丛草原亚区，在林业上属于雅江中上游宽谷湖盆防护、薪炭林区，无天然林分布；绝大多数人工林由北京杨组成，仅在洼地、渠旁和路边，有少量的红柳、长蕊柳、左旋柳及银白杨出现；果园则由苹果、桃、李、核桃组成；灌木数种则只有砂生槐及圣柳，农场植树造林始于建场之初（1964），但大规模植树造林则是在 1990 年以后。根据农场统计，1990—1993 年共植树 18.15 万株，折面积 54.49hm^2（按 3 330 株/hm^2 计）。据本次实地平板测算图量算，全场现有新造林地面积 50.52hm^2，其中 1991 年营造果园 12.85hm^2，1992 年营造 270hm^2，1993 年营造 10.67hm^2。此外，还有 1964 年造果园 2.31hm^2（果园主要为苹果、少量桃和核桃），1964—1966 年植果树 444 株，折面积 0.13hm^2。全场共有林业用地 52.96hm^2，占农场土地总面积 20.9%，可利用面积的 28.5%，从而为林业发展奠定了基础。

然而，农场作为农林牧业综合发展的试验示范区，目前的林木资源现状和林业建设速度与农场的经济发展、农林牧业优化模式的建立及改善生态环境的要求不相适应，主要表现在：

（1）造林地布局不利于生态效益的充分发挥。达孜农场位于拉萨河南岸，此段拉萨河谷为由东向西的宽阔谷地，因而农场内河谷大风的主风向为西风，其次为东风，西风常造成危害农牧业生产的风害和沙暴。据调查（参照达孜农场土地利用现状图），农场现有造林地基本上沿农场南、北农地边界以外分布，与主风向平行，因而对大风的滞留作用较小，也不能有效地阻滞风沙大风天气的形成，影响林木生态效益的充分发挥。但作为以农牧业生产为主的达孜农场，林业发展的根本任务，就是通过森林的形成，为农牧业稳定高产建立起绿色生态屏障。要达到防风固沙、阻滞风沙天气形成，首先应在农场农地西界和东界分别建立起防护林带，以阻止西风的长驱直入；尔后在农地内建立防护林网结构，以南北向为主林带，以东西向为副林带，使格网内的作物免遭大风侵袭及沙打、沙埋的危害，同时可提高温度、增加湿度，而且在防止霜害等方面也能起到一定作用。

（2）造林树种单一，林木资源潜力未充分挖掘。据林业部门调查和《西藏自治区一江两河地区综合开发林业规划（1990—2000）》资料，农场各种可供植树造林的树种能达 28 种以上，其中可用作用材林的树种有 16 种，用作生态防护林树种 12 种。仅按农田防护林和人工牧场防护林考虑，可配置的树种就有藏川杨、优胜杨、北京杨、银白杨、樟子松及紫穗槐、丛柳、沙棘等。据实地调查，在农场 1990—1993 年造林树种均为北京杨，这单一树种和以后形成的大片纯林，既降低了阻滞大风侵入的效果（下部无灌木辅助），而且给北京杨的病虫害发生提供了滋生场所；同时也不利于土地的综合利用，林木资源的潜力未充分挖掘。

（3）栽植方式欠妥，影响林木成活。达孜农场自 1991 年起成为西藏军区绿化造林重点，每年 3 月 12 日植树节时，西藏军区各级机关数千人来此绿化造林。由于是突击绿化，时间紧，技术力量缺乏，有限的技术检查人员不可能对造林质量及栽植方式作广泛、细致地全面检查指导，因而在造林、栽植方面有些欠妥之处。例如按照有关规定，一江两河地区杨苗造林的整地规格是 60cm×60cm×60cm，栽植密度 2 505 株/hm^2（2m×2m）；而农场的造林栽植密度为 3 330 株/hm^2（1.5m×2m），挖穴深度不足 40cm，撩壕规格尚能达到标准，但覆盖（沙）厚度不足 40cm，有的甚至被浅插于 10～20cm 的砂砾中，使当年林木成活率仅 40%左右，而且有的还是利用自身的养分支持而呈现的“假活”（当然苗木质量也是影响因素之一）。

（4）抚育管理粗放，林木生长较差。西藏一江两河地区，造林后幼林的抚育管理包括浇水、涂白、补植、除草、培土等，这是保证林木成活，促进林木生长的主要措施。据调查，达孜农场造林地放的管理仅浇水和护林管理。就浇水而言，按照有关规定和农场土质及林地保水能力差等特点，应加强林地灌溉，第一、二年每年至少灌水 3 次以上，第三年 2 次以上，而且要保证在 11 月份有 1 次透灌，每次灌水量至少 900cm^3/hm^2，对于砂砾地段还要增加灌水量。据调查和测算，达孜农场浇灌仅限于春季和夏季，秋末东初的冬季灌溉尚未发展，因而林木冬季抽干很多（抽干率 34.1%），年主茎生长量较小（如 1992 年造林地的当年平均为 47.4cm），生势较差。由于灌溉跟不上，春季林木出叶率也较低。

据对造林地抽样调查测定，按现出叶为成活计算（调查时最大叶长为 5.3cm），则 1993 年造林地的保存率为 39.5%，1992 年造林地的保存率为 34.6%，1991 年造林地的保存率为 31%。全部造林地的保存（成活）率为 36.3%。按照林业部门有关规定，成活率不及 40%的面积为第三等，在统计时不计入造林完成面积，而列入宜林地。我们认为，农场造林地林木保存率低的原因主要有栽植方式欠妥当、抚育管理粗放、苗木质量差及牲畜啃食和人为破坏等因素。

（张谊光　中国科学院拉萨农业生态试验站）

第七章

达孜农场土壤调查报告

拉萨农业生态试验站位于达孜农场内。达孜农场土壤调查是拉萨农业生态试验站建站之初，在全场范围内进行的本底详查。自 1993 年 4 月 1 日始，经过准备工作，社会经济调查，野外调查和制图、室内土壤分析、资料汇总及数字化土壤图等几个阶段，于 8 月底结束，历时 4 个月，最后编写报告，并在所取得的成果基础上，进行达孜农场土地资源的评价研究。

野外工作共 30d，是根据土壤详查的要求及建站的实际情况安排的。共观察土壤剖面 46 个。其中 17 个全剖面，17 个农学剖面，12 个观测剖面。在调查过程中分 3 个层次安排剖面位置：全场范围、13.33hm² 示范区、4hm² 试验区。土壤制图是在同期测绘的 1∶5 000 土地利用草图的基础上进行，并参照所提供的 1∶10 000 精度地形图。同时，对各土壤亚类，采集了玻璃盒土壤标本一套。调查所提供的各种数据和图件，为合理利用土壤资源，发展农场经济及将来的科学试验研究提供了科学依据。

由于经费和条件的限制，本次调查中未能使用航空像片，而且仅有选择地分析了 10 个剖面的土壤样本，占全部采样量的 1/3 。因此，报告中采用了部分达孜县的土壤数据，以弥补不足。土壤样品化验分析工作由中国科学院自然资源综合考察委员会分析室承担。另外，农场的曹立、唐长安协助了本次野外调查工作。特向他们表示感谢。

7.1 概述

7.1.1 基本情况

7.1.1.1 地理位置

达孜农场位于西藏自治区达孜县县城西郊，距拉萨市中心 25km。海拔 3 688m。全场东西长 4km，南北宽近 1km。土地总面积 3.1km²，合 310hm²，分布于拉萨河南岸河漫滩和阶地上，跨越德庆、桑珠林两乡。

7.1.1.2 农场基本情况

农场始建立于 1964 年。1989 年以前，由于管理混乱，缺少技术，农场只有投资，不见效益，并且土地沙化严重，耕地逐渐被蚕蚀。1989 年之后。加强了管理工作，培养技术骨干，在 1990 年明确了发展方向，主要从事种植业和养猪业生产。制定了“种、养、加工一条龙”的发展战略，使农场生产有了明显的起色，为进一步发展奠定了物质技术基础。

经详查，农场现存耕地面积为 61.1hm²，林地面积 50.3hm²。其中果园 2.3hm²，菜地约 1hm²，房层基本建设用地 5.9hm²。另外，尚有难利用地，主要是砂砾地 68.2hm²。

农场现有农业机械 4 台，总动力 205.94kW（280 马力）。此外，还有农用汽车、柴油机、发电机等机电及其相应的加工设备。全场基本实现了机耕作业，机播面积占 80%。平均每 667m² 施化肥 17.5kg，混合肥 9.2kg。全场土地平整后，均可实现自流灌溉。

农场靠近川藏公路，交通十分方便。场内机耕道横穿东西。但麦地房以西，夏秋季为拉萨河岔流所隔，通行困难。

目前，农场在土地条件的改善措施上还不够得力。由于位于拉萨河谷，有河漫滩、阶地及冲积洪积扇等地貌类型，地面起伏不平，土层厚薄不均，影响了土地利用和生产水平的提高。

7.1.2 形成的自然条件

土壤是土壤母质在生物、气候、地质地貌、水文条件及人类活动等多项因子相互作用下的产物。土壤的形成过程也就是土壤母质在这些因子相互作用下的发生发展过程。因此，要清楚了解土壤，就必须了解农场土壤的发生过程，也就必须了解土壤形成的环境条件。

（1）温凉半干旱的气候环境。达孜县属于藏南高原季风温带半干旱气候，具有气温低，热量不足；日照长、资源丰富；降水少，雨热同季，冬春季风大，干旱严重等特点。年平均气温 7.5℃左右，最热月平均气温 16.0℃上下，最冷月平均气温约－1.5℃。热量条件满足喜凉作物一年一熟略有剩余。全年日照时数达 3 000h，年太阳总辐射 7 700MJ/m^2。在强烈的太阳辐射下，白天地面急剧增加，夜间强烈辐射冷却，致使气温日较差达 15℃左右。日温差大既有益于作物有机物质的积累，又有益于土壤母质的物理风化，促进土壤的发生过程。全年降水量约 400mm，其中 90％以上集中在气温较高、作物生长旺盛的 6～9 月。同时夜雨多，夜雨率在 85％左右，使土壤易于发生弱淋溶作用。冬春季节，气候干燥，土面裸露，常风较大，不少日子下午有 5～6 级大风。经过上午的强烈蒸发，地面已很干燥，因而，大风极易造成土壤风蚀和沙化。

（2）宽谷平原地貌。达孜农场位于拉萨河下游宽谷地段，发育了边滩、心洲、超河漫滩、冲积洪积扇及阶地等地貌类型。土壤母质以冲积物和洪积物为主，成分复杂，在其上发育了草甸土、潮土、灌丛草原土及粗骨土等土壤类型。地下水位较高，一般在 2～3.5m 之间，最深可达 4m 左右。受地下水升降影响，土体中下部发育有锈斑锈纹，并且下层常有潜育现象发生。

农场东部高，西部低，高差仅 12m。从拉萨河面高程变化来看（南北干渠）东部平均坡降 3.5m/km，中西部平均仅 0.4m/km。从土壤母质的特点来看，东部主要以洪冲积的砾石为主，上面覆盖了薄层的土壤，而中西部则以冲积的砂砾为主，土层深厚，剖面上有很明显的复合二元沉积结构。在高度变化上，东部也有着中间高，周围低（东、北、南向）的特点。在地貌上，东部既位于拉萨河的宽河谷内，又处于凸出山咀形成的风口下。这些迹像表明，农场的东部实际上是一个古洪积扇前沿。目前，受拉萨河冲积和人类活动改造的影响，在地貌上很容易使人作为拉萨河谷阶地的一部分。

（3）土壤生物简单。由于农场范围仅限于河谷，因而植被类型较为简单，主要为灌丛草原、草甸及农业植被。灌丛草原植被由西藏狼牙刺、刺豆、蒿类、三刺草、白草、长芒草、固沙草、西藏黄芪等组成。覆盖度一般 20％～40％，最大可达 70％，分布在古洪积扇前沿。由于人类活动的影响，其分布仅占古洪积扇（农场范围内）的 1/4。在已经沙化的河滩上，主要为白草、长芒草，覆盖度 20％～30％。草甸植被主要见于潜水水位高的低洼地，主要由各类湿生苔草、嵩草、杂草类等中生植物组成，覆盖度一般 70％～90％。

在农场范围内，土壤动物较少，主要是地老虎，其次是蚯蚓等。因而，土壤的生物作用较弱，对土壤的形成过程，尤其是土壤团粒的形成过程极为不利。另外，地表鼠害严重，不仅妨碍农牧业生产，而且对水利工程有极大的破坏作用。

7.2 土壤形成过程和分布规律

7.2.1 土壤的形成过程和特点

同西藏其他地区一样，受青藏高原强烈隆起的作用，土壤形成的环境条件发生了深刻的变化，使农场土壤具有鲜明的高原特点。如土壤幼年性、有机质积累大于分解、新老特征并存等，另外，农场范围小，土壤环境条件较一致，因而土壤类型并不复杂。

（1）土壤母质单一。农场范围内土壤母质主要是冲积、洪积物质，受氧化还原作用的影响，形成二大系列的土壤类型：即以氧化作用为主，发育在古洪积扇上的灌丛草原土和以还原作用为主，发育在冲积母质上的草甸土。草甸土受人类长期耕种活动的影响，熟化后形成潮土。在洪积物质上发育的土壤，由于土层薄，物理风化不够，因而矿化作用的水平不高，影响植物的养分吸收。在冲积物母质上发育的土壤，尽管土层深厚，物理风化作用较强烈，但由于受还原作用的影响，限制了矿化作用的发展，同样影响植物养分的吸收。因此，在总的水平，农场土壤的矿化水平不高，养分供应不足。

（2）土壤发育年轻。受地壳急剧上升的影响，西藏的土壤多处于幼年阶段，物理风化作用强烈，生物风化作用则较弱。农场土壤发育具有明显的"幼年性"特点。

①矿物化学分解程度低，黏土矿物中 K_2O 仅占 3%左右，外于脱钾阶段。氧化硅铝比率多大于 5，铁的游离度也较低，粗骨性很强。

②土壤剖面发育微弱，层次过渡不明显，特别是 B 层发育不明显或无发育。发育较好剖面，也是因继承冲积母质的关系，而不是生物作用的结果。

③土壤内盐基离子的移动很小，盐基趋于饱和状态。

由于农场位于海拔 3 700m 以下的河谷平原中，其土壤母质主要为冲积物质。因此，在土壤表现其幼年性的同时，也存在着发育良好的土壤。另外，剖面发育良好的土壤是在冲积的细物质基础上发育的。冲积过程大大加快了土壤的形成过程，主要是物理风化过程和矿化过程使土壤有较好的发育层次，矿化度有所提高，但总的来说，仍表现了土壤发育的幼年性。

（3）有机质积累大于分解。由于气温低，气候干燥，尽管土壤的生物风化作用较弱，但却有利于有机质的积累。生物的风化作用主要是在植物的参与下进行的，土壤微生物和动物种类简单，活动较弱，有机质积累的强度因人类活动参与程度及水分条件的不同，有较大差异，一般为 1.5%～3%，最低仅 0.5%，最高达 3.8%，C/N 比 15～30。

（4）土壤主要通过耕种过程熟化。除土壤腐殖化过程外，土壤的耕种熟化过程和土壤的潜育化过程也是土壤的主要形成过程。它们分别在潮土和草甸土的发生发展过程中起主导作用。土壤的耕种熟化过程主要是旱耕熟化过程。人们通过长期的施肥、翻耕灌溉等措施，重新调配土壤的水、肥、气、热条件而提高了土壤肥力，有利于作物的生长。

在半干旱气候条件下，土壤发生的弱淋溶过程是在一种特定气候条件下土壤形成的次生过程。尽管这里降水强度不很大，但集中在雨季 6～9 月，仍然造成一定程度的淋溶。

风蚀和风积对土壤的发生发展也有较大的影响，主要表现为细粒物质在半干旱条件下因大风而发生迁移和堆积的过程。其结果是导致细粒物质的流失，土壤团粒不易形成；或者土壤遭沙埋，影响作物的生长和土壤的水、肥、气、热的相互关系，导致地力的下降，甚至造成土壤类型的改变。土壤沙化是农场土壤流失、土地退化的主要标志。

另外，冬季较寒冷气候条件下的冻融作用对土体物质的进一步物理风化意义不大，但对疏松土层有较大的作用，限制了以有机质为主体的团聚体的形成。

农场部分耕种土壤存在弱盐渍化过程，尽管范围很小，但应足以引起注意。农场土壤物质以细沙粒为主，占 40%～60%，黏粒物质一般为 10%～25%，土壤一般为粉沙壤土。由于河流冲积的原因，在剖面上也易形成质的多元结构，因而因漫灌和排水不畅造成的土壤盐化就容易发生。

7.2.2 土壤分类

7.2.2.1 土壤分类原则

土壤分类应当反映出土壤属性与成土因素，成土过程的联系和地理分布上所处的地位，从而找出土壤的基本属性与土壤肥力的关系。因此，以发生学观点进行土壤分类，是土壤分类的根本原则，而土壤属性则是土壤分类的基础。

由于农场范围较小，土壤类型并不复杂，因而在分类上采用土类、亚类、土属、土种和变种的5级分类。土类属高级分类单元，土种属基层分类单元。由于次要的成土过程，使土种在某些性状上发生变异，如表层质地的变化而形成变种，在图例上用附加符号表示，故在图例上实为4级分类。

农场的土壤分类，是根据土壤详查的一般要求，并结合农场的实际情况及生态站建设的实际需要来进行的。考虑成土条件、成土过程和土壤属性作为划分依据，并分析成土条件对成土过程作用的大小及其在发生学上的联系。

农场土壤分类在对现有土壤亚类认识的基础上，通过野外调查，室内分析对比，结合对成土条件分析作用分析的结果，自上而下逐级划分。认识土壤发生规律是搞好土壤制图的重要保证。

7.2.2.2　土壤分类的依据和划分标准

（1）土类：是土壤的高级分类的基本单元。它是在一定的综合条件或人为因素作用下，经过一个主导的或几个附加的次要成土过程，具有一定相似的发生层次。土类间在性质上有明显的差异。其划分依据：

①地带性土壤与当地生物、气候条件条相吻合，如灌丛草原土；非地带性土壤可由特殊的母质或过多地表水或地下水的影响而形成。

②在自然因素、人类因素的影响下，具有一定的主导成土过程或组合。如腐殖化过程、耕种熟化过程、潜育化过程等。

③每一个土类具有独特的剖面形态及相应的土壤属性，特别是具有作为鉴定该土壤类型特征的诊断的土层，如潜育性土壤的潜育层。

由于成土条件和成土过程的综合影响，在同一土类中，必定有相类似的肥力特征和改良利用的方向与途径。

根据以上划分原则和依据，农场土壤分为灌丛草原土、草甸土、潮土、新积土和风沙土等五个土类。它们分属半淋溶、半水成和初育土纲。

（2）亚类：是在土类范围内的进一步划分。根据主导成土过程所附加的另一成土过程划分。其划分依据是：

①同一土类的不同发育阶段，表现为成土过程和剖面性态上互有差异，如草甸土划分为典型草土和沼泽草甸土，反映潜育过程的不同程度。

②不同土类之间的相互过渡，表现为主要成土过程中同时产生附加的次要成土过程。如沼泽草甸土是草甸土向沼泽土过渡的一个亚类。

③附加成土过程的影响，表现为在主要成土过程基础上，土壤性状的变异，如耕种草甸土是草甸土经耕种熟化过程后，土壤性状发生变异，而不同于典型草甸土。

（3）土属：具有承上启下的特点，是土壤在区域性因素的影响下，所表现的区域变异。这些因素主要有成土母质类型，区域水文地质及地下水或土壤的化学组成、过去土壤过程的痕迹和地形部位特征等。农场土壤主要按成土母质类型的差异划分土属。

（4）土种：是土壤基层分类的基本单元，它是发育在相同母质基础上，具有相类似的发育程度和剖面构型。表现为主要层次的排列顺序、厚度、质地、结构、颜色、有机质含量和pH值等基本相似，只在量上有些变异，其划分依据按土层厚度、土体构型和砾石含量进行。

土层厚度：按有效土层厚度划分为薄层（＜30cm）、中厚层（30～60cm）、厚层（60～90cm）和巨厚层（＜90cm）4个层次。

土体构型：按底砾出现的深度划分为砾质（＜30cm）、底砾（＜90cm）和均质（＞90cm）3种构型。

砾石含量（＞20cm）：＜15％为无砾石，15％～30％为砂砾层，＜50％为砾质。

（5）变种：是土种范围内的细分。划分的依据是土种在某些性状上的不稳定变异。农场土壤主要有 3 种变异因素。如因土壤沙化造成表层土壤的沙化或沙埋（s）；因翻耕造成砾质土表层石砾化（r）；因灌溉不当造成表层土层盐渍化（y）。

7.2.2.3 土壤命名

土壤命名采用分级连续命制。土类、亚类采用全国统一的名称：土属名称一般采用亚类名称前加母质类型的命名方法；土种则在土属下采用简单命名法，即用土层厚度和土体构型或砾石含量的组分直接命名，而省去亚类的名称，以力求简明，如砂砾质冲积土。

7.2.2.4 土壤分类系统

根据上述划分原则、依据及命名方法，农场土壤共划分出 5 个土类、7 个亚类、12 个土属、29 个土种和 19 个变种。土壤分类系统如表 7-1。

表 7-1 达孜农场土壤类型分类系统

编码	土壤类型名称	面积（hm^2）	编码	土壤类型名称	面积（hm^2）
1	灌丛草原土	56.468	1	冲积沼泽草甸土	8.913
11	淋溶灌丛草原土	56.468	11	底砾冲积土	1.583
1	冲洪积淋溶灌丛草原土	46.123	12	中厚层冲积土	3.386
11	底砾冲洪积土	16.486	13	厚层冲积土	3.167
12	中厚层冲洪积土	15.454	14	巨厚层冲积土	0.777
13	厚层冲洪积土	14.183	2	冲洪积沼泽草甸土	2.359
2	耕种淋溶灌丛草原土	10.345	21	底砾冲洪积土	1.888
21	底砾耕种冲洪积土	1.669	22	中厚层冲洪积土	0.472
22	中厚层耕种冲洪积土	4.19	4	风沙土	5.734
23	厚层耕种冲洪积土	4.487	41	风沙土	5.734
2	潮土	24.384	1	风积风沙土	5.734
21	潮土	24.384	13	厚层风沙土	1.366
1	冲积潮土	23.46	14	巨厚层风沙土	4.369
11	底砾冲积土	3.082	5	新积土	103.856
12	中厚层冲积土	4.512	51	新积土	103.856
13	厚层冲积土	10.932	1	砾质新积土	37.343
14	巨厚层冲积土	4.934	11	全砾新积土	37.343
2	冲洪积潮土	0.924	12	土砾新积土	6.9
22	中厚层冲洪积土	0.924	2	沙土质新积土	66.071
3	草甸土	92.577	21	底砾冲积土	55.936
31	草甸土	59.899	22	中厚层冲积土	9.277
1	冲积草甸土	49.63	23	厚层冲积土	0.859
11	底砾冲积土	22.419	3	沙质新积土	0.396
12	中厚层冲积土	17.237	4	乱石堆	0.046
13	厚层冲积土	9.975	6	其他	34.538
2	冲洪积草甸土	10.268	61	营区	2.778
21	底砾冲洪积土	6.044	1	营房	0.439
22	中厚层冲洪积土	4.224	2	场地	1.817
32	耕种草甸土	21.406	3	大棚	0.133
1	耕种冲积草甸土	21.406	4	打谷场	0.389
11	底砾耕种冲积土	0.575	62	水体	31.76
12	中厚层耕种冲积土	2.691	1	水塘	4.74
13	厚层耕种冲积土	11.5	2	河面	26.774
14	巨厚层耕种冲积土	6.64	3	水渠	0.246
33	沼泽草甸土	11.272		合计	317.557

7.2.3 土壤分布规律

土壤的地理分布规律，是指土壤类型在特定空间范围内相互组合与演变。这是由于成土因素在空间上的组合变化，导致成土过程在空间上的组合变化，从而使土壤的分布产生相应的组合变化。土壤的地理分布规律，既表现为与生物气候条件相适应的土壤地带性分布规律，有表现为与地貌、母质、水文地质条件及人为活动等因素相联系的土壤地域性分布规律。由于农场其有限的空间，土壤形成条件的空间变化只限于地域条件的变化。尽管土壤的发生同生物气候条件相一致，但在分布规律上却不足以表达出地带性分布规律。而与之相反，农场土壤的地理分布规律主要在地域性分布规律方面。

农场土壤的地域性分布规律主要表现为中域分布和微域分布两方面。这是由于区域性地貌、母质、水文地质条件的变化和人类活动的影响，引起土壤分布的规律性变化。

土壤的中域性分布是由于中等地形的影响，引起水热条件和土壤组成物质的重新分配，使土壤分布按不同地形部位呈有规律的组合。其特点是：在同一范围内，由相应的地带性和非地带性土壤相邻排列，土壤彼此之间存在发生上的内在联系，并有各自利用上的特点，在地面上呈一定的几何形态；同一土壤带中占有一定程度的地域空间并重复出现。根据几何形态，土壤的中域分布一般表现为条带状、树枝状、扇状和环状 4 种，农场土壤中域分布以条带状为主。土壤沿河谷作条带状分布，土壤排列基本上和地形、水系的形态相一致。如由河谷向高河漫滩，土壤的变化是粗骨土→草甸土→灌丛草原土。这种分布规律对土壤亚类或土属的区分有较大的意义。

土壤的微域性分布是指在较小的区域内，由于小地形、地下水或地表水、植被等的差异以及人类活动的影响，使土壤类型出现较为复杂的组合形成。同中域分布不同，微域分布的土壤只发生在较小的区域，土壤间不一定存在发生上的内在联系。微域性分布对土种或变种发生明显的影响。农场土壤的微域分布主要表现为斑状分布。如农场东北部的砾质新积土中散布着若干沙土质新积土，其母质是河岸洪积物质，每年受到河水的冲积，使剖面发育不完整。人类活动对土壤的微域分布发生作用，如植树造林常在薄层土壤中进行，将并不深的底砾物质翻到地面上，造成地表石砾化，使土地发生变异。

7.3 土壤类型分述

这里将分述各类土壤分布、成土条件和成土过程，并按土属介绍其成土特点、剖面特征、理化性质、生产性能和利用改良措施，并细述土种或变种的差异。

7.3.1 半淋溶土纲

7.3.1.1 灌丛草原土

灌丛草原土发育于半干旱气候条件下，主要分布在农场东部的古洪积扇上，共有 60.22hm^2，占农场土地总面积 18.9%。只有淋溶灌丛草原土一个亚类。

淋溶灌丛草原土

（1）成土条件和成土过程。淋溶灌丛草原土分布于洪积扇上，相对高差大于 3m，较少受地下水的影响，年降水量 400mm，集中在暖季，有利于成土过程的进行。

农场的气候条件决定了灌丛草原土的植被主要由西藏狼牙刺、刺锦鸡儿、蒿类、白草等灌木和草本植物组成。覆盖度一般为 20%～40%，灌木高度可达 60cm，草高 20cm 左右，根系主要分布于表层 20～30cm 的土层内。

灌丛草原的成土母质成分复杂，质地不均，主要来源于洪积、冲积物质。从剖面上看，下伏有巨厚的砾石层，上面覆盖不足 60cm 的土层。

由于分布在洪积扇前沿并靠近河床，很容易受到后期河流洪水的冲刷，因而，很多地段地势低洼，已改变了成土方向，或向草甸土、或向新积土发展。在土层厚的地方，也受到人类耕种活动的影响。

灌丛草原土成土过程和发育过程，主要表现为弱的腐殖质积累过程和弱的淋溶过程。另外，也受耕地熟化过程或土壤风蚀、风积过程的影响。

弱腐殖积累作用：灌丛草原土植物生长虽较差，覆盖度低，但根系发达，绝大部分分布在表土层内，形成密实的草根层。每年凋落的枝叶和死去的根系，经腐殖化后积聚于表土层。有机质含量大于2.0%，沿土壤剖面向下，含量急剧减少。

弱淋溶作用：尽管降水量不大，但由于多集中在暖季的夜间，从而增加了降水在土壤形成过程中的效能，致使土壤受到一定强度的淋溶作用。由于母质和气候条件的关系，母质的钙化作用微弱，因而 $CaCO_3$ 的含量基本上在微量或痕量水平，剖面中没有 $CaCO_3$ 的积淀。这也是农场土壤的共性。但从剖面中黏粒和易溶盐的组成来看，有明显的向下迁移现象。

（2）土壤基本性状。

①冲洪积灌丛草原土

该土属土层一般厚30～90cm，共有面积45.86hm²，占灌丛草原土面积的76.2%。由于过度的放牧和樵采，植被很少。地面一般起伏不平，地下水埋深大于3m，洪水季节可达2.5m，土壤沙化严重，造成地力下降。地表有厚度＜10cm的草毡层，pH 8.0～8.5。但无石灰反应，有机质含量2.4%左右，C/N比20～23，土壤质地较轻，砾石含量较多。目前主要用于植树造林，因而常使地表石砾化。以A7、A9剖面为例。

A9剖面采于德庆乡古洪积扇前沿，海拔3 687m，相对高差3m，地势平缓；母质为洪积物质，地表布满砾石，直径多＞10cm；植被以西藏狼牙刺、蒿类、黄芪、白草等植物为主，盖度40%～50%。人工种植有杨树。土壤干燥，表层根系已干枯。附近无表砾的土壤，土层厚＞70cm。

A_1：0～7cm：草毡层。土壤干燥，为粉沙土，紧实、块状结构。有很多的植物根系，并已干枯。大量孔隙，无石灰反应，向下过渡明显。黄橙色（干：10YR6/3.5）。

A_2：7～15cm：土壤稍偏干，为粉沙壤土，疏松，团粒或块状结构。大量的植物根系，孔隙中量。无石灰反应，有少量的砾石（＜0.5cm），向下过渡明显。黄橙色（干：10YR6/4）。

B：15～（30）cm：土壤微润，为细沙土，疏松，无结构，少量大孔隙，无石灰反应。此为砂砾混合层。

A7剖面采于德庆乡古洪积扇前沿台地上，海拔3 688m，相对高差4m，地势有微小的起伏。洪积物母质，地表沙化严重，有很多的砾石。土壤干燥，植被以蒿草，苔草和白草为多，现有人工种植的杨树林，由于管理不善和土地退化，树林的保存率很低。

A_1：0～9cm：草毡层，有明显的水平层理。土壤干燥，为壤质沙土，很疏松，片状，团粒结构，极多植物根系和孔隙，无石灰反应。向下过渡很明显。黄褐色（干：10YR6.5/2）。

A_2：9～20cm：土壤干燥，为沙质壤土，疏松，片状、块状结构，有大量的植物根系和孔隙。无石灰反应。向下过渡明显。黄褐色（干：10YR6.5/2）。

B：20～40cm：土壤干燥，为沙质壤土，非常紧实，块状结构，有少量的孔隙，无石灰反应。下伏底砾层，向下过渡很明显。黄橙色（干：10YR6/3）。A7剖面的性状如表7-2。

本土属下划分有底砾、中厚层、厚层壤质沙土3个土种，各占1/3土属面积，并因土壤沙化和土表石砾化而发生变异。所处位置地面开阔，有良好的光热条件，靠近水源，地下水位3m左右，地面有微小的起伏。主要限制条件是土层深度不够，利用强度较大，特别是过度放牧和樵采。加之，管理和保护不善，造成土地沙漠化，致使土退化严重，质量下降。控制土地退化，增加植被覆盖，加强土地管理，是当前急迫的任务。本土属土壤可恢复天然草场，种植人工林，改善农田小气候条件，逐步提高生产力。

表 7-2 A7 剖面土壤分析结果

（1）机械组成（单位：cm，mm，%）

发生层	深度	2.0～1.0	1.0～0.5	0.5～0.25	0.25～0.10	0.10～0.05	0.05～0.02	0.02～0.002	<0.002
A_1	0～9	0.1	6.2	26.4	23.7	22.0	9.6	6.2	5.9
A_2	9～20	0.1	0.1	0.3	15.0	41.2	26.5	8.0	8.9
B	20～40	—	0.1	5	26.0	28.8	19.4	12.4	8.3
C	40～60	—	0.3	6.1	28.6	27.9	18.2	11.0	7.9

（2）常量分析（单位：cm，%，mg/100g 土，mg/kg，me/100g 土）

发生层	深度	pH	$CaCO_3$	有机质	全 N	速效 N	速效 P	速效 K	交换量	C/N
A1	0～9	7.68	0.01	0.75	0.037	4.08	2.80	34.38	5.04	20.27
A2	9～20	8.03	0.08	1.63	0.080	7.48	3.65	75.04	12.42	20.38
B	20～40	8.50	0.08	0.65	0.032	3.40	2.10	30.07	6.60	20.31
C	40～60	8.42	0.01	0.61	0.024	2.70	1.95	24.31	4.85	25.42

（3）全量分析（单位：cm，%）

发生层	深度	烧失量	Fe_2O_3	Al_2O_3	MgO	K_2O	CaO	MnO	P_2O_5	TiO_2	Na_2O	SiO_2
A1	0～9	2.36	3.73	12.53	1.18	3.13	1.5	0.064 8	0.153	0.488	2.04	72.8
A2	9～20	3.44	3.63	12.52	1.20	3.12	1.7	0.070 3	0.199	0.508	2.00	70.3
B	20～40	2.70	4.03	13.04	1.33	2.96	1.7	0.079 0	0.168	0.549	2.02	71.2
C	40～60	2.44	3.71	12.63	1.23	3.16	1.5	0.069 3	0.170	0.529	2.05	71.9

②耕种冲洪积灌丛草原土

该土属主要以中、厚层土壤为主，占灌丛草原面积的 20.1%。集中分布在场部西北部的古洪积扇前沿。本土属由灌丛草原土经耕种熟化而成，土壤质地较轻，一般以沙质壤土为主。不适当的耕种管理和保护，土壤经沙化转变为壤质沙土。由于位于古洪积扇上，土壤下伏砾石层起伏不平。经平整后，使得土壤厚的更厚，薄的更薄，在较大程度上限制了规模耕作。长期耕种，土壤中的砾石已大量减少，但仍有很多散布其间，拣除的砾石集中堆在地块之间。土壤 pH 值一般 7～8.5，耕作层土壤的 pH 值小于 8，而底层和母质层土壤的 pH 值在 8.5 左右，土壤有机质含量 1.5%～2.5%，C/N 比 18～24，由于经常增施有机肥和无机肥，使土壤养分能保持一定的水平。目前，主要用于种植冬小麦、玉米和牧草。以剖面 A1 为例。

A1 剖面采于德庆乡古洪积扇前沿台地上，海拔 3 687m，相对高差 3m，有较好的自流灌溉条件，坡度<3°，地面有微小起伏，使自流灌溉不匀。表砾成斑块状分布，砾石含量<10%，大小不一。地下水位<2m，雨季可达 1m，水质为 Ca 型水，主要为地下水侧向补给。引拉萨河水自流灌溉，保证率 100%。该地块曾种植过蔬菜，现种植冬小麦。

A：0～20cm，土壤湿润，为沙质壤土，块状团粒结构，疏松，有少量的根孔，大量的细植物根系，有少量的小块片状砾石（<1cm），无无石灰反应，向下过渡明显：黄褐色（干：10YR5/4）。

B：20～45cm，土壤潮湿，为沙质壤土，块状结构，有少量的团粒，较紧实无孔隙，有少量的植物根系和砾石（1～2cm），有锈纹。无石灰反应，向下过渡较明显，黄褐色（干：10YR5.5/3.5）。

C：45～60cm：土壤较潮湿，为沙质壤土，块状结构，紧实，无孔隙和根系，无石灰反应，下伏砾石层，向下过渡明显，黄橙色（干：10YR6/3）。A1 剖面的性状如表 7-3。该土属的 A6 剖面，由于采样地的小环境不同，表层土的有机质、全氮、速效氮、速效磷、速效钾等含量比 A1 剖面显著偏低（表 7-4）。

表 7-3　A_1 土壤理化分析结果

（1）机械组成（单位：cm，mm，%）

发生层	深度	2.0～1.0	1.0～0.5	0.5～0.25	0.25～0.10	0.10～0.05	0.05～0.02	0.02～0.002	<0.002
A	0～20	1.9	1.7	13.0	31.1	30.0	13.7	7.4	8.1
B	20～45		1.1	18.4	30.3	21.8	11.5	9.8	7.1
C	45～60		1.1	9.1	18.2	18.5	15.6	27.1	10.4

（2）常量分析（单位：cm，%，mg/100g 土，mg/kg，me/100g 土）

发生层	深度	pH	$CaCO_3$	有机质	全 N	速效 N	速效 P	速效 K	交换量	C/N
A	0～20	6.95		2.06	0.105	8.50	48.00	107.50	8.62	19.62
B	20～45	8.17	0.04	0.73	0.032	3.40	16.00	30.07	6.55	22.81
C	45～60	8.29	0.02	0.80	0.043	4.08	24.28	40.90	8.92	18.60

（3）全量分析（单位：cm，%）

发生层	深度	烧失量	Fe_2O_3	Al_2O_3	MgO	K_2O	CaO	MnO	P_2O_5	TiO_2	Na_2O	SiO_2
A	0～20	3.98	3.64	12.44	1.08	3.04	1.5	0.067 7	0.185	0.505	1.97	71.3
B	20～45	2.20	3.50	12.49	1.10	3.16	1.4	0.068 4	0.135	0.581	1.99	73.2
C	45～60	3.00	4.46	13.56	1.36	3.15	1.5	0.086 2	0.170	0.562	1.82	69.9

表 7-4　A6 土壤理化分析结果

（1）机械组成（单位：cm，mm，%）

发生层	深度	2.0～1.0	1.0～0.5	0.5～0.25	0.25～0.10	0.10～0.05	0.05～0.02	0.02～0.002	<0.002
A	0～21	—	1.0	16.5	36.6	23.8	10.0	4.4	7.7
B	21～36	0.1	1.5	17.3	31.6	21.5	13.2	7.0	7.9
C	36～56	—	0.7	17.8	33.5	25.0	10.7	5.6	6.7

（2）常量分析（单位：cm，%，mg/100g 土，mg/kg，me/100g 土）

发生层	深度	pH	$CaCO_3$	有机质	全 N	速效 N	速效 P	速效 K	交换量	C/N
A	0～21	8.00	0.02	1.45	0.066	5.44	16.50	65.65	6.98	21.97
B	21～36	8.45	—	1.00	0.043	3.40	9.50	56.90	5.14	23.26
C	36～56	8.55	0.12	0.49	0.026	2.70	3.65	42.61	4.22	18.85

（3）全量分析（单位：cm，%）

发生层	深度	烧失量	Fe_2O_3	Al_2O_3	MgO	K_2O	CaO	MnO	P_2O_5	TiO_2	Na_2O	SiO_2
A	0～21	3.42	3.24	12.28	1.02	3.15	1.5	0.061 1	0.136	0.462	2.08	72.5
B	21～36	2.32	3.33	12.42	1.03	3.19	1.5	0.064 5	0.144	0.481	2.08	73.2
C	36～56	1.80	3.30	12.46	1.03	3.26	1.4	0.063 6	0.149	0.469	2.06	74.5

本属土壤按土层厚度的不同，可划分出砾石、中厚层和厚层 3 个土种，其面积比关系为 1∶3∶3。本属土壤为洪冲积母质，土壤质地较轻，跑肥漏水情况较为严重，尤其是采用漫灌方法灌溉，使得水的有效利用率较低。由于下伏砾石层的深浅不一，经平整土地后，使作物有效扎根深度不一，导致作物长势和产量在短距离内的较大变化。耕垦种植正值冬春大风季节，地面缺乏有效保护，从而导致土壤风蚀，已有将近 30%的本属土壤发生沙化。本属土壤用于种植冬小麦、玉米和蔬菜。土地不平是目前生产上存在的主要问题。

7.3.2　半水成、水成土纲

7.3.2.1　潮土

潮土分布在拉萨河谷的宽谷地段，地形多为超河漫滩。潮土是在草甸土发育的基础上，经过长期耕作熟化而形成的一类半水成的非地带性土壤。同草甸土相比，草甸土的腐殖质积累成土过程，已被潮土的耕种熟化成土过程所取代，反映在土壤剖面结构上，草毡层已完全被耕作层所取代。潮土的成土母质为冲积物或洪冲积物，来源广，成分复杂，土层深厚、质地较均匀，分布也相对较集中。本土类共有面积 23.803hm^2，占农场土壤总面积的 8.331%。只有潮土一个亚。

潮土

（1）成土条件和成土过程。潮土分布于拉萨河谷的超河漫滩上，相对高差 1～2.5m。潮土的发育和形成，受地下水的深降的影响很大。旱季接受地下水侧向补给，雨季则接受河流的侧向补给。

潮土上主要是农田植被，伴有一些田间杂草。主要种植冬小麦、玉米和蔬菜等经济价值较高和需水量较大的作物，基本一年一熟，是农场的基本农田。潮土的成土母质复杂，但质地较均匀，一般较轻。主要来源于冲积物质。从剖面看，下伏有巨厚的砾石层，上面覆盖＞45cm 的（巨）厚土层。土层为粉沙和黏土相间的复合土层结构。

潮土的成土过程主要是氧化、还原过程和旱耕熟化过程，并在一定程度上有淋溶影响。这主要是因大小漫灌造成土壤物质向下迁移。另外，由于灌溉排水不当，在具有复合土层结构的地段，也可引起轻微的土壤盐渍化过程发生。随着地下水的周期性上下运行，土壤的毛细管水可上至犁底层，甚至耕作层，下可深达 1～1.5m。从而在约 1m 厚的土层内周期地发生氧化、还原作用，从而出现因铁、锰氧化物形态变化而形成的具有大量锈纹锈斑的特征层次。

潮土的旱耕化过程是人类通过长期的合理耕种活动，包括耕作、施肥、灌溉、排水 、改土等措施，不断促进土壤有机质积累的和适时分解，耕层加厚，逐渐形成适合作物生长要求的特有的土壤水、热、气、肥状况和耕作性能的过程。因而，潮土一般具有深厚的耕作层和土层，熟化度高、养分充分，有较高的地力，锈纹斑明显等特点，也是农场的主要高产土壤。

（2）土壤基本性状。农场范围内的潮土仅有一个亚类，2 个土属，即冲积潮土和冲洪积潮土。

①冲积潮土

农场冲积潮土共有 22.88hm^2，占潮土面积的 96.114%。该土属土层一般深厚，占总土壤面积的 66.81%。土层厚度＞60cm。由于长期耕作、整地，地面较为平整，土层深厚，少砾石，地面开阔，成片，有利于大规模的机械化作业和自流灌溉。土壤 pH 值 7.8～8.0，无石灰反应，锈纹锈斑土层厚达 1m 多；土壤肥力较高，有机质含量＞3.0%，C/N15～22。土壤质地很轻，以粉沙土为主，下层土壤则多为粗沙土。另外，由于母质的成因是河流沉积，剖面上有着明显的粗、细沙层组成的二元或多元复合结构。一般靠近河流为多元结构（如 17 剖面）远离河流则为二元结构。这一点，在灌溉、排水管理措施上很为重要，因为对于多元结构的土壤，如灌溉不当，会引起土壤的盐渍化，这种情况已在农场的北部出现；对于二元结构的土壤，同样也应注意灌溉方式控制灌溉量，过多的灌溉只能降低灌溉效率。

潮土的土地条件较好，管理、耕作和施肥水平都比较高，土壤能保持在较高的供肥水平和地力条件下，作物单产最高。由于粮食任务重，冲积潮土主要用于种植冬小麦和玉米。以 A10，A17 剖面为例。

A10 剖面采用桑珠林乡，距打谷场东偏北约 20m 的冬小麦田块中，海拔 3 679m，相对高差 2m。地势平缓，有良好的耕作种植条件。地下水位深 1.5m。地表少砾石，为冲积母质。

A：0～23cm，耕作层，土壤湿润，为沙质壤土，疏松，团粒结构。有大量的植物根系和孔隙，有似霉菌状物，但无石灰反应。向下过渡明显，黄褐色（干：10YR5.5/2.5）。

B：23～50cm，犁底层，土壤潮湿，为壤土，较紧实，块状结构。有中量的植物根系和大量的孔隙及锈纹锈斑，局部出现灰白色土块，无石灰反应。向下过渡较明显。浅黄橙色（干：10YR7.5/3.5）。

C_1：50～90cm，生土层，土壤潮湿为沙质壤土，紧实块状结构，有少量的植物根系，大量的孔隙。有大量的大斑块锈斑，局部出现灰白色土块，无石灰反层。向下过渡较明显。浅黄橙色（干：

10YR7.5/3)。

C_2：90～（>130cm），死土层，土壤湿泞，为沙质壤土，疏松，块状结构。根系稀少，孔隙中量，有大量锈斑，向下过渡明显，黄橙色（干：10YR7/3）。A10 剖面的分析结果如表 5。

表 7-5　A10 剖面土壤分析结果

（1）机械组成（单位：cm，mm，%）

发生层	深度	2.0～1.0	1.0～0.5	0.5～0.25	0.25～0.10	0.10～0.05	0.05～0.02	0.02～0.002	<0.002
A	0～23	0.1	0.4	5.1	17.4	16.7	23.5	23.0	13.9
B	23～50	—	0.3	0.6	4.6	19.1	26.2	36.5	12.7
C_1	50～90	—	0.1	2.4	21.0	28.1	23.0	15.9	9.5
C_2	90～130	—	0.6	19.2	30.8	20.0	13.4	8.3	7.7

（2）常量分析（单位：cm，%，mg/100g 土，mg/kg，me/100g 土）

发生层	深度	pH	$CaCO_3$	有机质	全 N	速效 N	速效 P	速效 K	交换量	C/N
A	0～23	7.96	0.03	2.17	0.112	8.84	10.00	69.61	9.65	19.38
B	23～50	7.90	0.04	0.80	0.058	5.10	1.95	41.66	11.43	13.79
C_1	50～90	7.84	0.04	0.58	0.029	2.04	3.10	34.67	7.98	20.00
C_2	90～130	7.79	0.04	0.42	0.019	1.70	2.10	33.49	4.56	22.11

（3）全量分析（单位：cm，%）

发生层	深度	烧失量	Fe_2O_3	Al_2O_3	MgO	K_2O	CaO	MnO	P_2O_5	TiO_2	Na_2O	SiO_2
A	0～23	4.22	4.14	13.14	1.35	3.12	1.5	0.072 8	0.178	0.553	1.86	69.8
B	23～50	3.72	4.89	14.12	1.60	3.08	1.5	0.093 5	0.197	0.627	1.77	68.4
C_1	50～90	2.40	3.95	12.79	1.29	3.22	1.4	0.079 4	0.182	0.540	1.87	71.6
C_2	90～130	2.06	3.57	12.43	1.18	3.18	1.4	0.059 6	0.170	0.491	2.04	72.8

A17 剖面采于桑珠林乡，和 10 剖面位于同一地块，但分居南北边缘。海拔 3 678.5m，相对高度 1.5m。该剖面有较复杂的土壤剖面结构：可分出土壤层次达 10 个之多。同 10 剖面相比，土壤质地更轻。多为细沙土和粗沙土，但在 B_2 和 C_2 层次则质地偏重，为黏壤土。在 C_3 以下层次，则明显的表现有沉积痕迹，并在底部出现潜育土层。

农场的冲积潮土主要种植冬小麦和玉米，一年一熟，有良好的自流灌溉条件。土地依其土层厚度的不同划分为砾石、中厚层、厚层和巨厚层沙质壤土，其面积比为 2∶3∶7∶3 四个土种，并因土壤轻微盐渍化而发生变异。土壤自身几乎无限制条件，其生产力的高低主要决定于环境气候条件和生产管理水平。

②冲洪积潮土

该土属实际上只有一个地块，靠近场部，现种植蔬菜。土层中厚层，面积 0.92hm^2，占潮土面积的 3.886%。原为洪积扇前沿的一部分，后经河水和洪水冲刷，形成低湿草甸，又经长期耕种，成为农场目前的菜地。未在该土属采集土样。

7.3.2.2　草甸土

草甸土是在地势低平，受地下水变化影响频繁，而在其上发育草甸植被的一种半水成土壤类型。是非地带性土壤。主要分布在拉萨河的低地和泛滥地，少量散布在其他土类中。草甸土是农场的主要土壤之一，面积有 93.4hm^2，占农场土壤面积的 32.682%。划分有典型草甸土，耕种草甸土和沼泽草甸土 3 个亚类。

7.3.2.2.1　典型草甸土

（1）成土条件和成土过程。农场的典型草甸土一般分布在河谷的低平阶地、超河漫滩、或支沟流水线两侧，母质为第四纪冲积或冲洪积物质，成分复杂。土壤质地很轻，有大量的砾石。地下水位一般在 1m 左右，洪水季节可升高到 0.3～0.5m，但地面不被水长期淹没。由于地下水的浸润，土壤湿度很大，草甸植被发育，由多种嵩草、苔草、早熟禾、萎陵菜、西藏黄芪、龙胆、蒲公英等湿生杂类草组成。生长茂密，覆盖度可达 70%～90%，当地表砾石较多时，也可达到 50%的覆盖度。

典型草甸土的形成过程主要是腐殖质积累过程和在地下水影响下的氧化还原过程。另外，冻融作用在冻土期对草甸土的形成有较强的物理作用。

由于土壤水分条件好，草甸植被生长茂密，形成由根系组成的紧实的草毡层，厚度一般<10cm。尽管低湿潮湿的表层土壤积聚了大量处于未分解条件和半分解状态的有机质，但因腐殖化程度低，有机质含量在湿润土壤条件下>3.7%，而在湿泞的条件下则<1%。因此，所谓的有机质积累层实际是由粗腐殖质和各种腐殖程度不同的根系所组成，形成具有弹性的毡状草皮层。腐殖质组成以富里酸为主。C/N 比一般在 18～25 之间。

雨季地下水位增高，在嫌气状况下活动于土层中的低价铁、锰处于还原状态；干旱季节地下水位降低，土壤中处于还原状态的铁、锰被氧化，沿着土壤结构表面、裂隙或根孔内淀积，形成锈纹锈斑，其形成的土层厚度一般为 50～80cm。而在其下，由于经常受到地下水的浸润影响，土壤较长期处于还原环境，而形成青灰色的潜育层，其埋深一般在 70～90cm 的母质层内。

（2）土壤基本性状。农场典型草甸土共有 60.14hm^2，占草甸土面积的 64.387%。按其母质来源的不同，划分为冲积草甸土和冲洪积草甸土两个土属。

①冲积草甸土

主要分布在农场的西部，土层不厚，一般<60cm。共有面积 45.84hm^2，占典型草甸土面积的 76.27%。由于过度的放牧和践踏，使位于低阶地上有些草原化的草甸植被盖度减少，并可发生轻微的土壤沙化，造成地力下降。地表一般具有<50cm 厚的草毡层，pH 7.7～8.3，但无石灰反应。有机质含量>3.7%，C/N 18～22 之间。土壤质地轻，含有较多大小不一的砾石。以 A13 剖面为例。

A13 剖面采于桑珠林乡低台地上，海拔 3 680m，相对高差 1.3m，地势平坦，为冲积母质。其上草甸植被，多少有些草原化。主要植物有灯芯草、毛莨、寸草、萎陵菜、苔草、火绒草等，覆盖度>70%。地面有少量的砾石。

A_1：0～7cm，土壤较干燥，为粉沙壤土，团粒、块状结构。土层较松，有很多的植物根系，孔隙少量。无石灰反应，向下过渡明显，黄橙色（干：10YR6.5/3.5）。

A_2：7～18cm，土壤较干燥，为粉沙壤土，块状、团粒结构，很紧实。有大量的植物根系，孔隙少量。无石灰反应，有少量的锈纹锈斑。向下过渡明显。黄橙色（干：10YR7/3）。

B：18～40cm，土壤湿偏干，为粉沙壤土、块状结构，很紧实。有中量的植物根系和孔隙，掘出有地老虎。有大量的锈纹锈斑。无石灰反应。向下过渡明显。黄橙色（干：10YR7.5/4）。

C：40～55cm，土壤湿润，为粉沙壤土，块片状结构，较紧实，中量的植物根系和孔隙。无石灰反应，有大量的锈纹锈斑。无石灰反应。向下过渡明显。黄橙色（干：10YR7.5/4）。

本土属依土层厚度的不同，有砾质、中厚层、厚层粉沙壤土 3 个土种，其面积比为 7∶6.4∶1；并因土壤沙化、表砾和轻微盐化发生变异有 6 个变种。土壤质地较轻。有 53.7%的地块面积<0.5hm^2，占土属面积的 17.09%，它们分布在低洼处，或流水沟旁，土层也很浅薄，多砾石。一般不便于农业利用，主要用于放牧。其余 46.3%的较大地块，分布在超河漫滩或低阶地上。浅薄和中厚层土壤面积为 4∶6，由于干燥有些草原化，并局部有沙化现象。在利用上，在土地条件充足的情况下，应以放牧为主。如需开垦，则须要适当的土地保护措施，并加强管理。

②冲洪积草甸土

分布在农场的东部，土层不厚，一般<45cm，共有 14.27hm^2，占典型草甸土面积的 23.73%。同冲积草甸土相比，土层稍浅，多砾石，植被盖度较低，在 20%～40%之间，草毡层的厚度<7cm，无石灰反应，以 A4 剖面为例。

A4剖面采于德庆乡的洪水漫滩上，海拔3 687.5m，相对高差2m，坡度＜3°，地面有微小起伏，有良好的排水条件。地下水埋深估计2～2.5m，雨季可达1m。水质为Ca型水，主要靠河流侧向补给。植被是以苔草为主的草原化草甸植被，盖度40%～50%，地表沙化严重，土壤干燥，有鼠洞。

A_1：0～7cm，草毡层，根系紧密。土壤很干燥，为细沙土，团粒结构。很疏松，有大量的孔隙，无石灰反应，向下过渡明显。灰褐色（干：10YR5.5/1.5）。

A_2：7～14cm，土壤干燥，粉沙壤土，块状团粒结构，疏松，有大量的植物根系和中量的孔隙，无石灰反应，向下过渡明显。黄褐色（干：10YR4.5/2）。

B：14～33cm，土壤干燥，沙质壤土，块状结构，紧实。有中量的植物根系和孔隙，无石灰反应。向下过渡明显，黄褐色（干：10YR5/2.5）。

C：＞33cm，细沙土，含有大量的砾石，无结构，土壤疏松，有少量的根系和孔隙，无石灰反应，黄褐色（干：10YR5.5/2.5）。

本土属依土层厚度的不同，有砂砾质、中厚层冲洪积草甸土2个土种，其面积约为4∶5。并因土壤沙化而各有一个变种。位于低阶地上的地块，由于土层浅薄，地下砾石层巨厚，地下水也很深，因而受地下水的影响较小，已逐渐脱离草甸化过程，向草原化过程发展。遇特大洪水时仍可淹没。碎小地块一般位于流水沟附近，仍有较强的草甸化特征。应以牧业利用为主。

7.3.2.2.2　耕种草甸土

（1）成土条件和成土过程。农场的耕种草甸土分布在农场西部的低阶地上，过去曾是沼泽地，土壤肥沃。具有土层深厚，地面开阔的特点。土壤质地较轻。地下水水位一般在1～1.5m左右。由于地下水的浸润，土壤湿度较大，草甸植被发育。耕种草甸土是在草甸土发育基础上，经耕垦，原有紧密的草毡层逐渐为疏松的耕作层所取代。其成土条件和成土过程，除附加了耕作熟化过程以外，仍和典型草甸土相似，但在程度上有所差别。

（2）土壤基本性状。农场耕种草甸土面积有21.99hm^2，占草甸土面积的23.54%。只有冲积耕种草甸土一个土属，土层一般较厚。目前缺乏良好的灌溉措施，因而在生产、管理和产量水平上都较低，耕种熟化作用也较弱，土壤有机质3.5%～4.0%，C/N比20～55。土壤pH值7.7～8.3。但无石灰反应，以A11剖面为例。

A11剖面采用桑珠林乡，海拔3 676.5m，相对高差1.5m。地势平缓，少砾石；原为沼泽地，现已成为撂荒地。曾种植冬小麦。因大风，动物危害和引水困难而撂荒。植被以黄蒿、白茅为主，剖面特征：

A：0～20cm。土壤湿润，为沙质壤土，块状团粒结构，较疏松，有大量的植物根系和孔隙，pH值8.3，但无石灰反应。向下过渡明显。黄橙色（干：10YR7/2.5）。

B：20～34cm，土壤潮湿，为沙质壤土，块状团粒结构，紧实有中量的植物根系和孔隙。少量的锈斑，掘出有地老虎，无石灰反应。向下过渡明显。黄橙色（10YR7/25）。

C：34～58cm，土壤潮湿，为沙质壤土，块状结构，紧实有中量的植物根系和孔隙。少量的锈斑，掘出有地老虎，无石灰反应。向下过渡明显。黄橙色（干：10YR7/25）。

C_1：34～58cm，土壤潮湿，为沙质壤土，块状结构，疏松。有少量的植物根系，孔隙中量，无石灰反应，大量的锈斑。向下过渡明显。黄橙色（干：10YR7/2.5）。

C_g：58～95cm，土壤很潮湿，为沙质壤土，块状结构，较松，孔隙少量，无根系，有大量的锈斑，出现大面积的青灰色土块。下伏砾石层，向下过渡明显。黄橙色（干：10YR7.5/3.5）。A11剖面的土壤性状如表7-6。

依土层厚度的不同，本土属有砂砾质、中厚层、厚层和巨厚层4个土种，没有变种。其面积比1∶16∶20∶12。由于长距离引水，灌溉水量得不到保证，从而限制了生产的发展。其他土地条件都显著优于其他土壤，因而有很好的生产潜力。

表 7－6　A11 剖面土壤分析结果

（1）机械组成（单位：cm，mm，%）

发生层	深度	2.0～1.0	1.0～0.5	0.5～0.25	0.25～0.10	0.10～0.05	0.05～0.02	0.02～0.002	<0.002
A	0～20		0.2	4.4	20.8	25.2	20.5	20.8	8.1
B	20～34	0.1	0.1	3.5	20.3	28.7	17.5	18.8	11.1
C_1	34～58		1.2	17.4	29.6	25.9	9.6	8.4	7.9
C_g	58～95		0.6	8.0	35.5	30.4	11.6	6.0	7.9

（2）常量分析（单位：cm，%，mg/100g 土，mg/kg，me/100g 土）

发生层	深度	pH	$CaCO_3$	有机质	全 N	速效 N	速效 P	速效 K	交换量	C/N
A	0～20	8.3	0.31	1.77	0.083	7.14	2.80	57.84	15.79	21.33
B	20～34	8.17	0.14	1.99	0.080	5.44	3.10	54.47	13.17	24.88
C_1	34～58	7.95	0.04	0.52	0.029	2.70	1.95	35.32	5.98	17.93
C_g	58～95	7.74	0.02	0.45	0.027	2.38	2.60	36.68	4.58	16.67

（3）全量分析（单位：cm，%）

发生层	深度	烧失量	Fe_2O_3	Al_2O_3	MgO	K_2O	CaO	MnO	P2O5	TiO_2	Na_2O	SiO_2
A	0～20	3.56	3.78	12.98	1.30	3.36	1.6	0.072 2	0.173	0.526	1.99	71.5
B	20～34	3.50	3.81	12.90	1.30	3.34	1.5	0.072 2	0.169	0.532	1.94	70.7
C_1	34～58	2.10	3.55	12.37	1.17	3.21	1.4	0.063 4	0.166	0.492	2.00	72.6
C_g	58～95	2.04	3.50	12.58	1.18	3.33	1.4	0.054 1	0.173	0.491	2.04	73.6

7.3.2.2.3　沼泽草甸土

（1）成土条件和成土过程。沼泽草甸土比典型草甸土分布位置较低，地下水位更高，常在 50～100cm，甚至有相当长一段淹没期。土体长期受地下水的侵润，土壤中的还原作用很强，从而在全剖面形成锈斑层，其下部为青灰色的潜育层。由于土壤水分充足，湿生植物生长旺盛，根系发达而密集形成富有弹性的>10cm 草毡层，该亚类在草甸化过程中附加了沼泽化过程，从而形成了 A－Aw－Bg－G 的典型剖面构型。

（2）土壤基本性状。农场沼泽草甸土共有面积 11.27km²，占草甸土面积的 12.07%。按其母质的来源不同，分为冲积沼泽草甸土和冲洪积沼泽草甸土两个土属。

①冲积沼泽草甸土

主要分布在农场的西部，土层一般较厚。共有面积 8.91hm²，占沼泽草甸土面积的 79.00%。全剖面都富含有机质，上部有机质含量 74%。pH 值的变化大，上部土层在 8.2～8.35 之间，但无石灰反应；下部则在 6.1～6.7 之间，C/N 比的变化很大，在 17～28 之间，土壤质地一般较轻。以 A12 剖面为例。

剖面 A12 采于桑株林乡，海拔高度 3 676m，相对高度 1m。位于超河漫滩上的干沼泽地内，地势平缓，生长以苔草、嵩草、萎陵菜、车前草等为主的湿生杂类草草甸植被，覆盖度>80%。地表无砾石，地下水深 94cm。

A_s：0～13cm，土壤湿润，为沙质壤土，有大量的植物根系效错致密，富有弹性，并有明显的水平层理。块状、团粒结构，很疏松，有大量的缝隙，有少量的锈纹锈斑，无石灰反应，向下过渡明显。黄橙色（干：10R7/2）。

A_W：13～27cm，土壤潮湿，沙质壤土，团粒或块状结构，较紧密。大量植物根系、孔隙和锈纹锈斑，无石灰反应。过渡较明显。黄橙色（干：10YR7/2.5）。

B_{wg}：27～42cm，土壤潮湿，为沙土，块状结构，土壤紧实，有少量的植物根系和孔隙，以及中量的锈纹和锈斑，无石灰反应。向下过渡明显。灰白色（干：10YR7/1.5）。

C_{wg}：42～55cm，土壤潮湿，为沙质壤土，块状结构，较紧实。有中量的植物根系和孔隙。大量的锈纹锈斑，无石灰反应。含有淡青灰黄色（干：2.5YR7.5/2.5）的土块，向过渡明显，灰白色（干：3.75/7.1）。

G_2：78～94cm，土壤湿泞，为沙质壤土，块状结构，很疏松，有少量的根系和孔隙及大量的腐根物质。少量的锈纹锈斑，青灰色（干：5Y5/1）。下伏砾石屋，并出露地下水。剖面的性状如表7-7。

尽管冲积沼泽草甸土土壤肥沃，土层深厚，但因其分布较分散，地势较低，易被洪水淹没，而且地下水埋深浅，中下层土壤为酸性土壤，不利于作物根系的发育，因而不宜发展种植业，但可作为季节牧场放牧。本土属依土壤厚度的不同，可划分为沙砾质、中厚层、厚层和巨厚砂质壤土4个土种，其面积比为5∶12∶10∶6。另因表砾化有一个变种。

表7-7　A12剖面土壤分析结果

（1）机械组成（单位：cm，mm，%）

发生层	深度	2.0～1.0	1.0～0.5	0.5～0.25	0.25～0.10	0.10～0.05	0.05～0.02	0.02～0.002	<0.002
A_1	0～13	0.1	0.2	0.8	31.2	29.7	16.0	13.8	8.3
A_2	13～27	0.1	0.4	1.3	22.0	31.4	25.2	10.8	8.9
B	27～42		0.1	1.0	46.3	31.7	10.4	3.4	7.1
C_g	42～55	0.1	0.7	1.9	16.5	24.3	28.5	17.9	10.2
G_1	55～78	0.1	0.5	11.2	37.3	24.6	9.2	8.0	9.2
G_2	78～94		0.1	1.2	39.4	29.9	12.8	8.4	8.2

（2）常量分析（单位：cm，%，mg/100g土，mg/kg，me/100g土）

发生层	深度	pH	$CaCO_3$	有机质	全N	速效N	速效P	速效K	交换量	C/N
A_1	0～13	8.34	0.59	1.42	0.066	5.78	3.25	55.06	14.15	21.52
A_2	13～27	8.21	0.20	1.85	0.068	9.46	3.50	51.34	14.28	27.21
B	27～42	8.30	0.09	0.46	0.026	2.38	2.10	37.50	8.40	17.69
C_g	42～55	6.70		1.55	0.080	6.12	3.10	62.11	12.14	19.38
G_1	55～78	6.62		1.31	0.058	4.42	2.60	59.62	7.32	22.59
G_2	78～94	6.15		1.22	0.057	4.42	3.65	46.50	5.69	21.40

（3）全量分析（单位：cm，%）

发生层	深度	烧失量	Fe_2O_3	Al_2O_3	MgO	K_2O	CaO	MnO	P_2O_5	TiO_2	Na_2O	SiO_2
A_1	0～13	3.66	3.59	12.88	1.26	3.35	1.8	0.070 8	0.182	0.487	2.07	71.2
A_2	13～27	3.54	3.41	12.97	1.21	3.53	1.6	0.068 9	0.180	0.152	2.10	70.8
B	27～42	1.88	2.95	12.46	1.07	3.60	1.6	0.062 3	0.192	0.439	2.24	74.5
C_g	42～55	3.86	3.72	13.04	1.24	3.63	1.5	0.087 6	0.207	0.475	2.06	70.0
G_1	55～78	2.90	3.42	12.54	1.18	3.48	1.5	0.052 4	0.185	0.193	2.14	72.2
G_2	78～94	2.74	3.20	12.42	1.12	3.49	1.4	0.049 1	0.199	0.446	2.17	71.9

②冲洪积沼泽草甸土

分布于农场东部的低洼地和洪水过水沟，土属浅薄，共有面积2.36km^2，占沼泽草甸土面积的20.90%。土壤质地较轻，地表石砾较多，植被盖度<30%。在利用上无多大价值。此土属没有采样。

7.3.2.3　初育土纲

农场初育土纲包括风沙土和新积土两个土类。它们的共同特点是成土作用微弱，母质特征明显，土壤剖面发育原始，为非地带性土壤。

7.3.2.3.1　风沙土

风沙土是风积母质上发育的土壤。土壤沙化后，土壤细沙物质和和滩中的沙粒物质经风蚀、风积过程，发生迁移形成风积母质。风沙土主要分布在农场的最西端，有面积5.73hm^2，占农场土壤面积的2.001%。

风沙土是土壤细粒物质经风力的搬运堆积，再经不同程度的生物作用而形成。由于拉萨河谷干旱季节长，且多大风，农场的西端处于河谷风口，其西部的大面积裸滩和沙化的土壤为风沙土的形成提供了丰富的沙源。沙粒随风迁移，进入农场的开阔河谷，风力减弱，沙粒发生堆积，局部形成小沙丘，高度一般<1.5m。这种风力场的变化，使得农场西部有小沙丘的堆积，而中部和东部的土壤风蚀沙化则较轻。

风沙土上的植被以固沙草为主，草高 40cm 左右，覆盖度<15%，因而基本上属于流动沙丘。但由于风力场和沙丘规模及高度的关系，沙丘的移动并不显著。

根据风沙土壤剖面的发育程度，农场风沙土只有流动风沙土一个土类，一个土属，及厚层和巨厚层流动风沙土 2 个土种。土种的面积分别是风沙土的 23.79%和 76.21%。

流动风沙土剖面由沙粒物质组成，无层次变化，只有堆积层理的变化，地力低下，并随时危及周围的土地，基本上属于难利用地。从提供的地形图来看，农场西端原有很大一块沼泽地，现已干枯，并为洪积砾石和沙丘淹埋。因而，如采取植树造林、防风固沙等措施，并解决农场外部的沙源问题，这一大片孤地可望成为良好的牧场。

7.3.2.3.2　新积土

新积土见于拉萨河的心洲、河漫滩及超河漫滩土。有面积 103.85hm^2，占农场土壤面积的 36.337%。成土母质为第四系全新统洪积物。拉萨河河水含沙量很低，仅在大水时期发生泥沙的堆积，尤其洪水季节的堆积是新积土物质的主要来源。一旦遇特大洪水，还危及其他土壤，使新积土面积扩大。

新积土母质主要来源于洪积物质，河床有大量的砾石，而少细粒物质。土体无发生层，沉积层理较明显，没有腐殖质层，很少有植物生长，通体无石灰反应，多为荒滩或裸地。

新积土只有洪积新积土一个亚类，根据其物质组成的不同，划分为 4 个土属，即砾质新积土、砂砾质新积土、沙土质新积土和乱石堆。分别占新积土面积的 35.96%、15.66%、48.34%和 0.04%。以沙土质新积土 A8 剖面为例。

A8 剖面采于德庆乡，海拔 3 688m，相对高度 4m。地表沙化严重，干草原植被，以白茅，苔草为主，土壤干燥，地下水估计约 3.5m 深。地表砾石成长条状分布，四周为洪积砂砾石，以砾石为主。

A_s：0～1cm，由地表沙化形成的细沙层。

A_0：1～14cm，土壤干燥，为细沙，少量团粒结构，多无结构，很疏松。有中量的植物根系和孔隙，无石灰反应。向下过度明显。黄褐色（干：10YR6.5/2.5）。

B：14～28 cm，土壤湿偏干，为沙土，块状结构，紧实，有少量的植物根系和孔隙。有锈纹出现，无石灰反应。黄橙色（干：10YR6.5/3）。下伏砂砾混合层，以砾石为主。A8 剖面的土壤性状如表 7－8。

表 7－8　A8 剖面土壤分析结果

（1）机械组成（单位：cm，mm，%）

发生层	深度	2.0～1.0	1.0～0.5	0.5～0.25	0.25～0.10	0.10～0.05	0.05～0.02	0.02～0.002	<0.002
A	0～14	0.2	4.8	27.9	26.3	23.1	7.9	3.7	6.3
B	14～28	0.1	1.1	16.8	26.4	31.8	10.8	6.2	6.9

（2）常量分析（单位：cm，%，mg/100g 土，mg/kg，me/100g 土）

发生层	深度	pH	$CaCO_3$	有机质	全 N	速效 N	速效 P	速效 K	交换量	C/N
A	0～14	8.13	0.03	0.61	0.029	30.6	0.80	32.19	3.18	21.03
B	14～28	7.98		0.66	0.031	3.06	0.80	29.04	4.65	21.29

（3）全量分析（单位：cm，%）

发生层	深度	烧失量	Fe_2O_3	Al_2O_3	MgO	K_2O	CaO	MnO	P_2O_5	TiO_2	Na_2O	SiO_2
A	0～14	1.92	3.65	12.19	1.08	3.21	1.5	0.064 7	0.151	0.507	2.06	72.7
B	14～28	2.16	3.05	12.50	1.16	3.11	1.6	0.061 7	0.169	0.471	2.11	72.7

在利用上，除部分沙土质新积土（约占土属的24.27%）有一定厚度的土层可生长草类用于放牧外，其他都有很多的砾石，且分布连片，因而很难利用于农业生产。可考虑非农业利用，如练车场、运动和娱乐场等，既避免占用农地，又可充分利用土地资源，实是有利而少害。所要考虑的是特大洪水危害，因而需建设一些防护设施。

7.4 土壤理化性质

7.4.1 土壤物理性质

土壤物理性质的好坏，对于调节土壤水、肥、气、热的状况有着极为重要的影响。由于条件的限制，只对土壤质地进行了室内分析，其他中物理性质仅做了野外观察和记录。

7.4.1.1 土壤质地

土壤质地是指土壤颗粒的大小及其组成的比例。土壤质地状况对土壤的吸附能力和矿质养分的供储能力有极大的影响。同时也影响土壤的生产性能，如耕作的难易、扎根的难易等。农场的土壤质地主要有沙土、壤质沙土、沙质壤土、壤土4个等级。各种质地的面积和所占比例见表7-2至表7-8。

由表可见，农场的土壤以沙壤土为主，其次是壤质沙土。可见，土壤质地偏轻。这对降水偏少的达孜县，无疑有其利，也有其害。采取适当的耕作措施，可用其利，避其害。在生产上，沙土对抑制土壤蒸发，避免土壤盐渍化，改善土壤的耕作，有其长处；但因蓄水、持续供肥能力较差，土温变化大，则不利于作物的生长。而黏质土则正好相反。壤质土兼具二者的特性，容易形成良好的土壤结构，通透性好，水气协调，促进能力强，供肥速率快，施肥效应明显，耕作性能良好。

7.4.1.2 土壤砾石状况

土壤的砾质含量状况，对土壤的生产性能、作物布局以及土壤的保墒抗蚀能力等有重要影响。砾石含量高的土壤，对机耕不利，但有利于保摘，并增加土壤的抗蚀能力。因而适度的砾石含量有利于农业生产。在土壤调查中，可见在多砾石的土壤上，紫花苜蓿能很好的萌发，生长良好，分布密集。而无砾石的土壤，基本上还处于休眠状态。山南地区的土壤调查表明，含砾量<15%的土壤比不含砾石同样质地的土壤保墒期长，甚至于在旱年的作物产量更高。可见土壤砾石状况，对土地的质量条件既有不利的一面，也有有利的影响。

由表7-9可知，农场砾石覆盖面积占农场土壤面积的30.05%，而多砾的土壤面积占农场土壤面积的56.522%。高砾石含量是由母质的来源决定的。

多砾石土壤主要出现在沙质土壤中，部分出现在中厚层土壤中，以灌丛草原土为甚，砾石含量一般<10%。

综合农场土壤质地和含砾石状况，有针对性地采取特定的耕作方式，有利于取长补短，趋利避害。质地偏轻的灌丛草原土，一般砾石含量也很高，如采用免耕法，既可保墒，减少劳动强度，又可不破坏土壤结构，提高土壤的抗蚀能力。

表7-9 土壤表面状况面积统计

土壤状况	面积（hm^2）	类型面积百分比	土壤面积百分比	土壤状况	面积（hm^2）	类型面积百分比	土壤面积百分比
土质	173.688 7	54.64	59.6	砾石	103.853 7	32.67	35.63
沙化	24.246 6	13.96	8.32	砾质	103.853 7	32.6	35.63
表砾化	0.350 6	0.2	0.12	沙土质	16.262 7	15.66	5.58
盐渍化	0.350 6	0.2	0.12	其他	34.629 5	10.89	
土质	123.43 5	71.07	42.36	营房	2.508 9	7.24	7.9
风沙	5.732 7	1.8	1.96	水体	32.120 6	92.76	

7.4.2　土壤的化学性质

7.4.2.1　土壤酸碱度

土壤酸碱性是土壤的化学性质，尤其是土壤盐基状况的综合反映，对土壤养分的有效性和生物过程有很大的影响，并受土壤母质、生物、气候、地形以及农业措施等条件的制约。根据土壤化学分析结果，农场土壤的 pH 值较高，多在弱碱性至碱性范围内。与之相反，土壤的石灰性却极低，$CaCO_3$ 含量基本上在微量水平以下。其原因有待今后进一步研究。

农场土壤酸碱性状况，其中中性土壤主要是耕作土壤，表明土壤的熟化程度较高。因为农场位于拉萨河谷的地半干旱气候条件下，土壤的 pH 值一般较高，多在弱碱性至碱性范围，而经耕种熟化后，土壤向中性发展。

土壤弱碱性和碱性限制了土壤矿质养分中磷、铁、锌、硼等元素的活性，如有效磷的含量基本上小于 10mg/kg，处于低含量水平，仅在耕种淋溶灌丛草原土中速效磷含量＞20mg/kg，最高达 48mg/kg。这与土壤 pH 值为中性，及施有机肥有较大的关系。

7.4.2.2　土壤阳离子交换量

土壤阳离子交换量是反映土壤保肥能力的一个重要指标。农场自然土壤的阳离子交换量一般在 10me/100g 土水平以下，土壤的保肥力很弱。耕地土壤的阳离子交换量也不高，介于 10～15me/100g 土之间，土壤促肥力处于中下水平。

土壤阳离子交换量与土壤有机质和土壤质地较密切的关系。当土壤黏粒和有机质含量也不高，介于 10～15me/100g 土之间，土壤促肥力于处于中下水平。

土壤阳离子交换量与土壤有机质和土壤质地有较密切的关系。当土壤黏粒和有机质含量高时，土壤的阳离子交换量亦高。由于本地区土壤质地普遍较轻，通过增施有机肥，提高土壤有机质含量，有较好的效果。另外，在当地气候条件下，土壤黏化不易，因而防止土壤黏粒的流失，是保持土壤肥力的重要措施。这主要应从两个方面入手，一是防止风蚀，二是防止因漫灌而造成的流失。

7.4.2.3　土壤机质与土壤氮素

土壤有机质与许多土壤性质相关，是衡量土壤肥力的一项重要指标。

据土样分析结果，农场土壤有机质含量普遍较低，一般小于 5%，仅草甸土能达到 20%。土壤有机质含量的高低变化较大，主要受土壤利用管理水平的影响。

土壤氮素一般与有机质含量成正相关。从分析结果来看，全氮含量处于低下水平，最高仅达 0.11%，而最低则不足 0.02%；但土壤的速效氮含量较高，耕地土壤一般大于 6.0mg/100g 土，而自然土壤也在 2.0～6.0mg/100g 土之间（初育土除外），这是另一有待解决的问题。

土壤供氮能力取决于土壤含氮量和氮素供应能力，而两者高时，才能提供较丰富的氮素，满足作物生长的需求。从分析结果来看，农场土壤氮素供应一般不短缺，但总量水平低下，因而仍需适时适量施氮肥，以避免不必要的挥发损失。

7.4.2.4　土壤磷素和钾素

农场土壤磷、钾的总量水平一般都较高，磷的含量介于 0.13%～0.21%之间，而钾的含量则介于 3.0%～3.5%之间，变化幅度并不大。而与之相反，速效磷、钾的含量一般处于中低水平，且因土壤的不同其含量有较大的变化。速效磷的含量在自然土壤中小于 5mg/kg，而耕作土壤则大于 10mg/kg，最高可达 48mg/kg。速效钾的含量普遍处于低下水平，一般小于 50mg/kg。可见，在农场的土壤中，土壤钾素的供应能力是限制土壤肥力的主要因子，磷素次之。

增施钾肥必须同氮磷肥配合，才能更好的发挥增产效果。一般来说，不易流失，钾肥宜早施，最好作为底肥施入。

7.4.2.5 土壤微量元素

微量元素参与许多的植物生理过程，土壤母质是其主要来源。微量元素过低或过高都影响农作物的生长产量和品质。

通过对几个有代表性的土壤样品的分析，表明农场土壤的微量元素含量处于全国平均水平上下，土壤中不存在微量元素过低或过高的现象。但因土壤的弱碱性或碱性特性，可降低锌、铁、硼、锰和铜等微量元素的有效性。因而，对一些特殊的经济作物，有必要合理施用少量的硼和钼。

7.4.3 土壤肥力的综合评价

从上述土壤理化性质的分析和比较，可对农场土壤肥力状况简评如下。

7.4.3.1 土壤的物理性质

土壤母质多为洪积物，有效扎根深度并不深厚；有较多的砾石，并普遍含有底砾层，易于跑水跑肥，因而不利于大水漫灌，发育在河流冲积母质上的土壤，土层深厚，质地较轻，为沙质壤土，土壤颗粒较均匀，疏松多孔，通透性良好。

7.4.3.2 土壤的养分状况

全场土壤有机质含量普遍较低，<2%，全氮含量也较低，但全磷、全钾含量都较高。其有效成分差异较大，其中以速效钾较为缺乏，一般都低于 50mg/kg；其次是有效磷，大于 80%的土壤的有效磷含量<10mg/kg，而有效氮则基本上能得到满足，其含量除初育土外，基本上大于 30mg/kg，而农业土壤则达 60mg/kg。在目前的生产力水平下，土壤供养能力能够满足作物生长的要求。

土壤微量元素的供给能力，一般也能满足作物生长的需要，但对一些经济作物，如油菜、苹果等，有必要少量施用一些硼肥，以改善品质，增加产量。

（雷震鸣　中国科学院自然资源综合考察委员会）

第八章

达孜农场荒地植被概貌及其生物生产量之测定

8.1 达孜农场的生态环境及植被概述

达孜农场位于拉萨河南岸达孜县西侧，由拉萨河河漫滩和阶地组成，面积约 266.7hm^2，自然土壤较为贫瘠，多砂砾，疏松，持水性差；耕作土壤由于人为开垦，肥力及土质有所改善。这里地势较为开阔，两面高山耸峙，东南及西北方向有仔仔黑和依查嘎山，达孜县城也就位于这个过渡带上，由冲积洪积扇和阶地所构成。因此从总体上说，达孜农场与县城在地貌上无大的差异。

在气候上，一方面从微观上说，由于农场处于河谷地带，具有典型的河谷气候特征；另一方面，从宏观上说，由于受到冬季干冷的西风环流与夏季沿雅鲁藏布江溯江而上的暖湿气流此消彼长的影响形成了高原季风气候格局。于是在这两方面的综合作用下，农场气候呈现出冬冷夏暖、日较差大、冬季多大风等特点。据生态站气象观测资料，年平均气温约 8.0℃，最热月平均气温 15.4℃（7 月），最冷月平均气温－1.0℃（12 月），平均气温日较差 14.6℃，年较差 17.7℃；年降水量 425mm，但季节分配不均，雨季 6～9 月降水量占全年的 94%；年平均相对湿度为 49%；而风力以 1～4 月为最大，平均达 3.1m/s。从上面数据可以认为，达孜的气候基本上属于温暖半干旱的性质，且夏季雨热同步、温差大，这显然有利于植物的生长。

生态站所在农场，有不少的耕地、试验地、林地，种植有玉米、小麦、青稞、油菜、豌豆、蚕豆、马铃薯以及鸭茅、多花黑麦草、无芒雀麦、青海老芒麦、紫花苜蓿、草木樨、北京杨、毛白杨、藏川杨、榆树、柳树等栽培植物。农场里的野生植被的调查是我们这次工作的重点。在《西藏植被》一书中，根据所受到的与大地貌相联系的水热条件影响的植物群系的性质以及气候上的特征，将整个拉萨河流划入植被分区的一个小单元——拉萨小区。可见，达孜农场仍具有该小区在植被组成及环境特征方面的趋同性，即分布在河谷地带的天然植物为喜温的草原和落叶阔叶灌丛，往上海拔逐渐升高，向其他植被类型过渡，这实际上与我们的调查是完全一致的。因此，在这样一个农场，通过进行概略性踏查，再结合实际样方资料，应该可以反映出荒地植被的概貌及其区系组成特点。

据这次调查，农场里荒地植被不算复杂，主要以黄芪草原、白草草原、黄芪—白草草原为主，局部低洼湿润处分布有河滩草甸植被。而落叶阔叶灌丛类型如沙生槐、小角柱花群落等未见。上述草原植被适生于温暖而半干旱的气候、疏松而较干燥的基质上，形成了农场里荒地植被的一大景观，这也是作为植被分类中拉萨小区的地带性植被（半干旱温性草原）而出现的。另外，为进行植被演替的比较，亦作了农场以南山坡的植被调查，同时还作了生物量的测定。

本次调查采集了 60 多种植物，分属于 22 科 50 属，其中禾本科（14 种）、菊科（12 种）、豆科（9 种）含种数较多，占总种数的 56%，其他 19 科所含种数仅 44%。在属的分布上，以蒿属种类（4）最多，其次为草本樨属（3 种）和黄芪属（3 种）。从这些科属的组成特点上看，可以表明农场及县城附近区域植物区系的温带性质（表 8－1）。

表 8-1 农场及油库后山植物科属种的分布

序号	科名	含属	含种	序号	科名	含属	含种	序号	科名	含属	含种
1	菊科	8	12	2	禾本科	12	14	3	莎草科	2	2
4	龙胆科	1	1	5	豆科	4	9	6	唇形科	2	2
7	紫草科	3	3	8	蓼科	3	5	9	水麦冬科	1	10
10	藜科	2	2	11	锦葵科	1	1	12	茜草科	1	1
13	蓝雪科	1	1	14	麻黄科	1	1	15	柽柳科	1	1
16	十字花科	1	1	17	罂粟科	1	1	18	蔷薇科	1	1
19	报春花科	1	1	20	蒺藜科	1	1	21	玄参科	1	1
22	车前科	1	1	合计		22 科 50 属 63 种					

8.2 荒地植被类型及主要植物种类

植被类型是按生态—外貌学的方法进行划分的。具体而言，即依据植物群落的优势种及其外貌、结构，按优势度的顺序而定。作为一个植被类型，它具有一定的植物种类组成，含有自己的优势种，占据一定的生境。下面就分别叙述如下：

（1）黄芪群落：位于农场漫滩及部分阶地上，植被平均高度 20～30cm，总盖度 80%～90%。但部分地段盖度较低，约为 30%～50%，裸露部分为砂砾石所占据。群落中黄芪的高度、多度及盖度为最大，可定为群落的优势科。群落中植物已开化结实，呈现一幅金黄色季相。零星点缀着蓝、黄色小花斑点。伴生的植物类有白草、固沙草、拉萨狗娃花、猪毛蒿、密花毛果草，另外其他地段还是有拟蒺藜黄芪、灰毛齿缘划、南藏菊、风毛菊、沙蒿、藏白蒿、黑穗画眉草。在部分地段，固沙草或蒿所占比重又加大。

（2）白草群落：该群落以单优植物白草为主，其盖度约 90%，白草平均高 90～100cm，多处于结穗期。土壤为细沙而较为疏松，从剖面上看，白草的根状茎集中于地面以下 0～15cm 区间，而白草植株亦随根状茎的蔓延而在一定部位出芽向上生长，又成为新植株。往下，白草的根系变为毛细吸收根，逐渐减少。从群落中伴生的植物来看，有紫花苜蓿以及几种草土樨，甚至还有野油菜。可以设想，这里以前估计是被人工开垦种植过，荒废几年后由于白草的繁殖力强盛而逐渐占据地面，将原来种植的植物逐渐吞食掉。在其他一些地方，白草群落稍稀疏，不同生境伴生一些植物种类，如水柏枝、蒿、蒺藜、狗娃花、黄芪、倒提壶等等。另外，白草还时常深入到一些废弃地里，形成一些新的植物组合类型，如白草—野油菜，白草—播娘蒿—藜。

（3）劲直黄芪—白草群落：该群落位于农场麦地班以西，面积较大。群落总盖度约 95%以上，平均 40～50m，植株生长极为茂盛，土壤含石砾较多，这是农场开发的难点。

（4）苔草—人参果群落：该群落位于河漫滩湿地上，为隐域性植被类型，仅是在地势低洼湿润处才出现。群落总盖度 60%～70%，平均高度约 5～7cm。主要种类有亮囊苔草、人参果、肉果草、水麦冬、细秆镳草、止血马唐、蓼等。

（5）川藏香茶菜—喜马拉雅草沙蚕群落：该群落位于农场以南，油库后山，海拔约 3 850m，西北坡向。主要植物种类有蒿、小叶野丁香、川藏香茶菜、劲直黄芪、毛萼獐牙菜、密花毛果草、锡金蒲公英、禾叶点地梅、丝颖针茅、喜马拉雅草沙蚕等。可见该农场里的群落在植物组成上有较大相异性，这表明虽然通过县城所在的洪积扇及阶地这个过渡带，但山坡垂直带上的植物群落还几乎没有受到河谷地带植物的影响（表 8-2）。

表 8－2　主要植物种类及其生境

中文名称	拉丁文名称	生境	中文名称	拉丁文名称	生境
苦苣菜	*Sonchus oleraceus*	田间、路边	毛瓣棘豆	*Oxytropis sericopetal*	河滩、沙地
拉萨狗娃花	*Heteropappus gouldii*	沙地、田间	草木樨	*Melilotus suaveolens*	荒地、河滩草地
牛膝	*Achyranthesbidentata*	田间（埂）菜地	百花草木樨	*Melilotus alba*	荒地、河滩地
密花香薷	*Elsholtzia densa*	田边、荒地	紫花苜蓿	*Medicag sativa*	荒地
加拿大白酒草	*Conyza canadensis*	河滩、田边	播娘蒿	*Descurainia Sophia*	田边、荒地
玫红野青茅	*Deyeuxia rosea*	田边、荒草地	窄叶野豌豆	*Vicia angustifolia*	田边、荒地
山岭麻黄	*Ephedra gerardiana*	河滩沙地、荒地	西藏巴天酸模	*R. patientia* L. *subsp. tibeticus*	田边、沟边湿地
架棚（小角柱花）	*Ceratostigma minus*	沙滩沙地、荒地	人参果	*Potentilla anserina* L.	河滩低洼湿地
倒提壶	*Cynoglossum amabile*	沙地	猪毛菜	*Salsola collina*	田边、荒地
灰毛齿缘草	*Eritrichium canum*	沙地	藜	*Chenopodium album* L.	田边、荒地
珠芽蓼	*Polygonum viviparum*	河滩草地	印度草木樨	*Melilotus indicus*	菜地、田边
中华野葵	*Malva verticillata* L. var *chinensis*	田埂、菜地	苦荞麦	*Fagopyrum tataricum*	田边、荒地
小叶野丁香	*Leptodermis microphylla*	干山坡	扁蓄	*Polygonum aviculare*	田边湿地、草地
毛萼獐芽菜	*Swertia hispidicalyx*	干山坡	蒲公英	*Taraxacum* sp.	田边、荒地
川藏香茶菜	*Rabdosia pseudo-irrorata*	干山坡	亮囊苔草	*Carex stenophylloides*	河滩、沙地
丝颖针茅	*Stipa capillacea*	干山坡	蒺藜	*Tribulus terretris*	河滩沙地
禾叶点滴梅	*Androsace graminifolia*	干山坡	草地早熟禾	*Poa pratensis*	河滩草地
喜马拉雅草沙蚕	*Tripogon hookerianus*	干山坡、河滩草地	垂穗披碱草	*Elymus nutans*	河滩阶地
南藏菊	*Dolomiaea wardii*	河滩砂砾地	狗尾草	*Setaria viridis*	田边、荒地
沙蒿	*Artemisia desertorum*	砂砾阶地	细杆镳草	*Scirpus setaceus*	河滩低洼湿地
藏白蒿	*Artemisia younghusbandii*	沙滩沙地	肉果草	*Lancea tibetica*	河滩低洼地
臭蒿	*Artemisia hedinii*	沙滩、草地、田边	锡金蒲公英	*Taraxacum sikkimense*	干山坡
风毛菊	*Saussurea japonica*	河滩、沙地	水麦冬	*Triglochin palustris*	河滩低洼地
平车前	*Plantago depressa*	田边、沟边、杂草	密花毛果草	*Lasiocaryum densiflorum*	干山坡、沙地
小苞水柏枝	*Myricaria wardii*	河滩、沙地	固沙草	*Orinus thosoldii*	河滩沙地
闵草	*Beckmannia syzigachne*	田边、沟边、湿地	白草	*Pennisetum flaceidum*	沙地、田边
金狗尾草	*Setaria glanca*	田边、河滩、草地	猪毛蒿	*Artemisia scoparia*	河滩草地
黑穗画眉草	*Eragrostis migra*	田边杂草、河滩草地	拟蒺藜黄芪	*Astragalus tribulifolius*	河滩沙地
止血马唐	*Digltaria ischaemum*	河滩、草地	劲直黄芪	*Astragalus strictus*	草原、田地、沙地
蓼	*Polygonum* sp.	河滩、砂地	黄芪	*Astragalus* SP.	河滩沙地
野燕麦	*Avena fatua*	田边、杂草	棒头草	*Polypogn fugax*	田边、沟边湿地
细果角茴香	*Hypecoum leptocarpum*	田边、荒地			

8.3　关于农田区主要杂草的生物学特性及其防治的思考

从我们所采集的农业区杂草的性质来看，它们中主要有一些禾本科、菊科和锦葵科杂草，在水渠沟边则生长有一些喜湿的种类如平车前、闵草、棒头草、细果角茴香等。在这些杂草中，以白草、中华野葵、牛膝、蒿类为主，它们繁殖旺盛，同农作物争夺养料、水分，挤占空间生态位，给农业生产造成了很大的危害。因此，如何防治这些杂草的侵害已成为一个迫切需要解决的问题。本文仅就其生物学方面的特性谈谈初步看法。

白草属多年生草本，如前所述，它在疏松的土壤中其根状茎蔓延极快，所以常成片生长；另外其种子可能也具有繁殖作用，但可能不如根茎繁殖。如果能阻断白草根茎的蔓延途径或干扰其代谢，或在种子成熟前进行灭除杂草可取得较好的效果。白草在田梗上生长明显较多，可见较为喜光；对其单个所产种子量的计数（按每个蒴果产 10 粒种子计），可达 3 000～4 000 粒，系列力也较强，切断种源是控制其传播的重要方法。牛膝属一年生草本，在田间裸地生长较多，如在当年种子成熟前除掉可能全控制其发展。蒿类一般为多年生或一、二年生草本、半灌木，繁殖力也极强，消除比较困难。劲直黄芪也为多年生草本，家畜误食后会中毒，其主根入土在 40cm 以上。

目前，草地杂草防治方法归纳起来大致有 3 种，即人工或机械清除，化学防除和生物学防除方法。对于大面积的杂草，可采用反复刈割，以限制其生长，使其种子不能成熟，从而达到控制的目的。如果杂草数量不多时，可用人工连根挖除。刈割或挖除的毒草、杂草可以烧毁，把草灰均匀撒在草地上作钾肥；挖草以后的土坑要填平，最好再加播优良牧草种子以占据生态位。采用化学除草的方法主要是选用一些效率高、具传导性的除莠剂如二钾四氯、2，4－D脂、西马津、氯酸钠、亚砷酸钠等，采用叶面喷施或土壤拌施，但要注意与农作物生育期错开，以免受到污染。

当然，可能的话，有些杂草还是可以加以利用的。如牛膝全草为止血、消炎药，花水煎服有清肝明目之效，全草还可作为猪饲料；有些蒿类亦可入药；而中华野葵茎、叶及种子也可入药，治泌尿系统感染、结石、黄疸型肝炎、脱肛、糖尿病等。有关劲直黄芪的去毒据闻也有报道，方法是在酸水或清水中反复浸泡去毒，然后喂食牲畜。

8.4 主要植被类型的生物生产量的测定

植物生物生产量的测定是按传统的收割法进行的，即把所要测定的植物收割下来，烘干成恒重后，该重量便代表单位时间内的净初级生产量。在野外，我们把样方内植物给予群落学描述后，采用壕沟法取土，每一剖面深度视植物根系分布情况而定，将植物挖出按种分开，同时将其地上与地下部分（含根系和根颈）分开，分装入袋中并登记，各称取鲜重，然后置于烘箱中（90℃）烘 12h 后称重，以此作为其净生物量，下面把这次调查结果列如表 8－3、表 8－4、表 8－5。

表 8－3 黄芪群落地上和地下部分生物量

单位：g/m^2

名称	重量	黄芪	白草	固沙草	狗娃花	蒿	毛果草
地上部分	鲜重	293.6	32.56	133.4	73.8	51.72	9.48
生物量	干重	100.44	15.96	79.96	26.16	21.4	5.08
地下部分生物量	鲜重	1 033.4					
	干重	633.84					

表 8－4 苔草—人参果群落地上部分生物量

单位：g/m^2

名称	人参果	肉果草	苔草	水麦冬	止血马唐	细杆镳草
鲜重	65.20	15.40	22.28	4.92	10.00	104.68
干重	21.68	6.56	9.00	1.48	4.24	64.84

表 8－5 白草和川藏香茶菜—草沙蚕群落的生物量

单位：g/m^2

名　称	地上部分生物量		地下部分生物量	
白草群落	鲜重	干重	鲜重	干重
	1 379.12	583.32	1 487.12	733.32
川藏午茶菜—草沙蚕群落	168.27	68.00	1 115.16	45.72

由上表知，从总生物量（地上部分＋地下部分）比较而言，以白草群落的生物量最高，达 1 316.64g/m^2，其次是黄芪群落和川藏香茶菜—喜马拉雅草沙蚕群落，分别为 882.84g/m^2 和

713.2g/m^2，而苔草—人参果群落的生物量较低，其地下部分生物量因有往茬植物根系分布难以分辨而未测，又因其低矮的草层及总盖度不是很大，可以认为其生物生产量在这里是最低的。白草群落由于其密度大、平均近 1m 以及地下十分发达的根状茎而在地上部分生物量以及地下部分生物量方面均各列前茅。从地上部分与地下部分的总生物量之比来看，以白草群落为高，为0.8∶1，其次为0.39∶1（黄芪群落）和0.11∶1（川藏香茶菜—喜马拉雅草沙蚕群落），这反映出白草群落（即白草）在同一环境条件下地上部分生长的生物量最大，及生产效率最高。再从各群落地上地下分的干鲜重比率来看，几乎都出现在0.4∶1～0.6∶1这个区间，看来，无论是在较干或偏湿生境，这似乎表明水分在植物地上地下部分生长中的一种平衡性。

（李辉　西藏生物研究所）